人気No.1プログラミング・ロボット
sphero
完全ガイド
著・Sphero Edu研究会
監修・スフィロ社
協力・平井聡一郎

JN217646

小学館

ロボットボールで遊びながら、プログラミングを学ぼう

学習指導要領の改定により、2020年から全国の小学校でプログラミングが必修科目となります。そのため、2018年からはその準備のために移行措置の期間が設けられています。この移行措置の期間中、日本中の小学校がプログラミングをいかに授業の中で体験させるかに取り組みます。

現在、先進校と呼ばれる学校では、大きく3つのプログラミングの実践が進められています。コンピュータを使わずにプログラミングの概念や基本を学ぶ「アンプラグドプログラミング」、画面上にプログラムのパーツとなるブロックを並べる「ビジュアルプログラミング」、そして、リアルな空間に物理的なパーツを並べてプログラミングする「フィジカルプログラミング」の3つです。

「ビジュアルプログラミング」ができる「Sphero Edu」アプリとロボットボール「SPRK+」を組み合わせれば、実際に物(「SPRK+」)を動かす環境でプログラミングすることができます。つまり、プログラミ

ングの結果が、実在するロボットの動きで確認できるのです。そして、試行錯誤しながら修正や改良を行い、課題を探究できるのが優れた点です。何よりも子どもの心に火をつける効果、意欲を高める効果が期待されています。

「SPRK+」は球形で、子どもたちにとって驚きがあり、興味関心を高めるロボットです。一見すると光って転がるボール型のロボットですが、子どもたちの創造性を刺激し、無限の可能性を引き出します。さらに、このロボットボールは初心者にも簡単にプログラミングできるように開発されました。世界中の家庭や学校で活用されています。家庭や学校で子どもたちが「Sphero Edu」アプリと「SPRK+」で遊んでいるうちに自然にプログラミングを身につけ、幅広い勉強に役立てられるようになるのです。

すでに多くの家庭で保護者と子どもたちが、「Sphero Edu」でプログラミングを始めています。皆さんも始めてみませんか?

コロラド州（アメリカ）で生まれたSphero

Sphero（スフィロ）社は世界的なロボティック・カンパニーです。アメリカ・コロラド州ボルダーの本社で、画期的なロボットやプログラミング教育向けのアプリを開発しています。プログラミング教育向けの「SPRK+」から世界最小のロボティックボール「Sphero Mini」、映画『スター・ウォーズ／フォースの覚醒』に登場するドロイドの「BB-8™」まで、スマートフォンのアプリで操作可能な小型ロボットを手がけている企業です。STEAM教育のリーディング・カンパニーでもあり、世界中の家庭や学校でスフィロ社の教育向けロボットやアプリが使われています。STEAMとは、科学（Science）、技術（Technology）、工学（Engineering）、数学（Mathematics）の統合的学習に芸術（Art）を加えた総合教育手法の略語です。アメリカで生まれたこの教育手法は、21世紀の社会で必須な論理的思考や創造性を育むうえで、最善の方法であるとされています。同社は、STEAM教育の学習をサポートするための製品やソフトウェア開発に、2014年から取り組んでいます。

日本でも、2013年からロボットボール「Sphero 2.0」が発売され、以後次々と製品が登場して人気を博しています。長崎・ハウステンボスの「ロボット王国」で展示されており、東京の宇宙ミュージアム「TeNQ」ではアトラクションに使用され続けるなど、店頭販売だけでなく、さまざまな展開をしています。また、教育向けロボティックボール「SPRK+」は日本全国でプログラミングの勉強のために使われています。

共同創業者、アダム・ウィルソン（左）と、イアン・バーステイン（右）。

プログラミングでロボットを動かす、Sphero Eduのしくみ

Sphero Eduは「SPRK+」をはじめとするSphero社のロボットに対応した、拡張性に優れたプログラミングシステムです。Eduの名前のとおりプログラミング教育（Education）のために作られ、わかりやすいインターフェースで直感的に扱えるよう工夫されています。iOS、Android、Google Chrome OS、Fire OSといった多彩なプラットフォームに対応。「Sphero Edu」アプリを使用してプログラムを作成できます。まずは、App StoreやGoogle Playなどから無料アプリ「Sphero Edu」をダウンロードしてみましょう。

動画を見てみよう！

アプリ「Sphero Edu」を使って、「SPRK+」を動かす！
https://www.youtube.com/watch?v=hk4HyIFFC4c

※本書では、App Store、Google Play、Kindle Store、Chrome Web Storeなどで無料のアプリをダウンロードして、スマートフォンやタブレットでプログラミングを学びます。

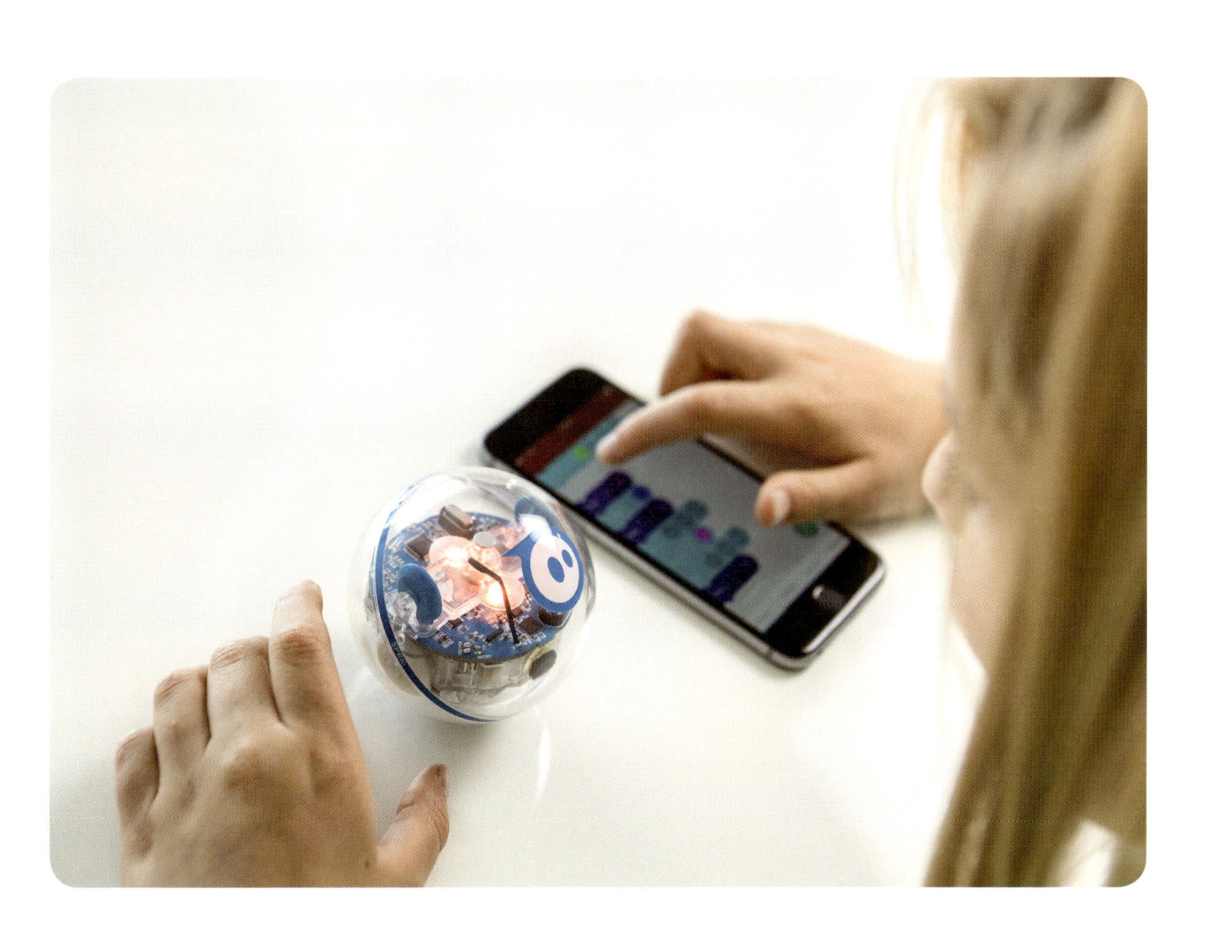

Sphero Eduで使用できるロボット

「Sphero Edu」アプリに対応するSphero社のロボット製品を紹介します。ただし、それぞれのロボット自体の性能や機能が異なるため、同じプログラムでもロボットによって動き方が違う場合があります。そのロボット専用のアプリもあります。

スパークプラス
SPRK+

教育に最適なロボット。頑丈なシェルで完全防水なので、扱いやすい。透明で内部のメカニズムを観察でき、LEDの光も鮮やかに見られます。

スフィロ 2.0
Sphero2.0

2013年に発売されたSpheroの球形ロボットで、「SPRK+」の原型。大きさは「SPRK+」と同じです。Bluetoothでの接続方法などは「SPRK+」のほうが進化しています。

スフィロ ミニ

Sphero Mini

手のひらサイズで、かわいいデザイン。専用アプリを使えばさまざまな遊びも楽しめます。

オリー

Ollie

車のようにドリフトやスピンもでき、球形ロボットとは動きが違います。

スター・ウォーズ シリーズ

STAR WARS SERIES

Sphero 社製の「R2-D2™」「BB-8™」などのロボット。

「R2-D2™」

「BB-8™」

Spheroが世界中で人気の理由

●シンプル

スフィロのロボットでできることの基本は、「動く」と「光る」なので、プログラムもシンプルでわかりやすくなっています。そのため、プログラミングの初心者も取り組みやすいのです。かつ中級以上の方の創造性が発揮しやすく、創意工夫の能力を伸ばすことが可能です。

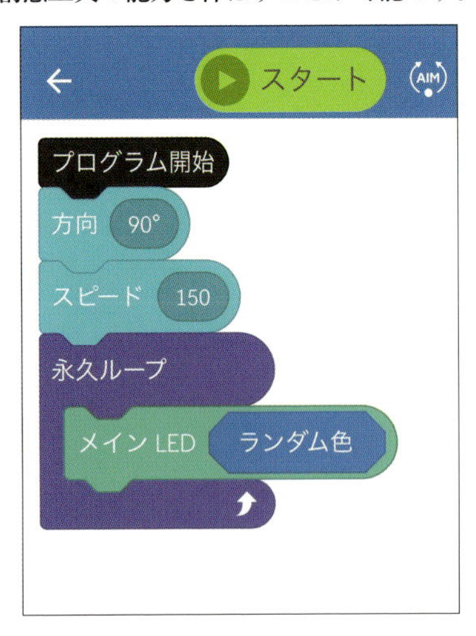

●自由自在に操れる光

光の三原色（赤・緑・青）のLEDが組み込まれており、1670万以上の色を光らせることができます。

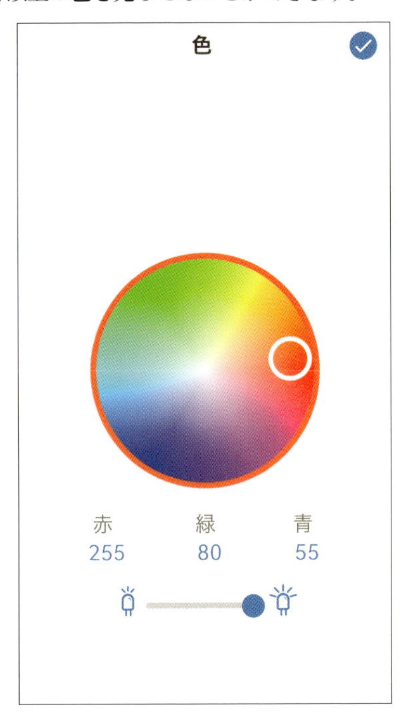

●スムーズな走行

ボール型ロボットは、内蔵されたモーターにより内部構造が回転することで、重心が滑らかに移動します。スピード調整もプログラムだけでなく、スマートフォンの画面上を指でスライドするだけで簡単にできます。

●驚くほど簡単な操作

専用の無料アプリ「Sphero Edu」をインストールしたスマートフォンやタブレットの画面上で簡単にプログラミングをはじめとした操作ができます。ロボットとは無線（Bluetooth）で接続され、操作は簡単です。

●初心者でも簡単なプログラミング

「Sphero Edu」アプリには、子どもでも簡単に体験できるプログラムが準備されています。たとえば、指でスマートフォンの画面をなぞって線を描くだけでそのとおりに動きます。また既製のプログラムをダウンロードすれば、一からプログラミングする必要もありません。

●教育界で注目「ビジュアルプログラミング」

小中学校でもよく使われる、さまざまな命令や関数が埋め込まれたブロックを画面上で組み合わせたり、数値を入力したりしながらプログラミングできます。プログラミングの基礎や論理的な思考を学ぶのに適しています。

●アプリで広がる世界

「Sphero Edu」アプリは、常に無料でアップデートされて、世界最先端の新機能やプログラムが追加されます。新しいプログラムもスフィロ社によって追加されるので、飽きることはありません。

●丈夫で長持ちするロボット

球体というシンプルな形状で、強固な外殻に覆われているため、机から落ちたり、壁にぶつかったりしても壊れにくいです。特に「SPRK+」は、かたいシェルに覆われて頑丈なので、世界中の学校で使われています。

●安全・安心

「SPRK+」および「Sphero2.0」は、USB対応の専用充電器の上に置くだけで自動的に充電ができます。日常の管理がとても楽です。むき出しの電源端子がなく感電もしません。とても安全な充電器です。

●多様なプラットフォームに対応

「iPhone」や「Android」のスマートフォン、「iPad」をはじめとしたタブレット、「Kindle Fire」「Chromebook」などに対応しています。

●上級者向けのプログラミング

一般的なプログラミング言語のJavaScriptを活用したプログラミングも可能です。

教育向けのロボットボール、SPRK+でできることは、無限大！

●教育界での信頼

世界で2万校以上で採用されてきました。日本でも主に小学校、中学校、特別支援学校の授業や一般のプログラミング教室で活用され、高い評価を得ています。

●センサー利用のプログラミング

シンプルな動きとセンサーの組み合わせにより、子どもたちの創造性を広げます。内蔵のセンサーから得られるデータをもとにしたロケーション（位置）、速度、方向などの情報を自在に動きと結びつけられます。

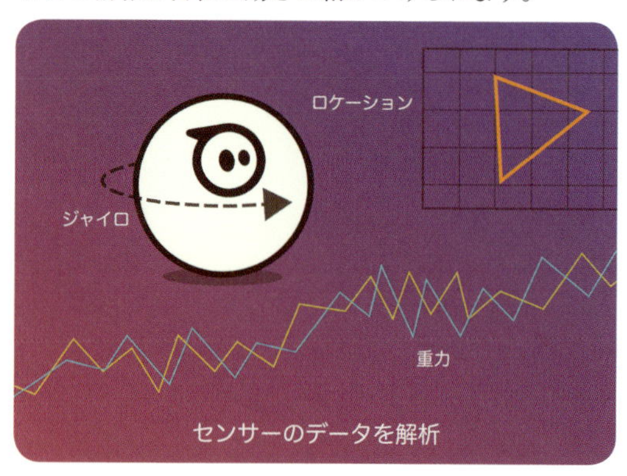

●透明なボディ

内部メカニズムが見えるため、子どもたちの科学的な興味を高めます。「SPRK+」を手にした子どもたちはすぐに中をのぞき込み、「かわいい！」という声も上がります。親しみやすさが子どもの関心を高めます。

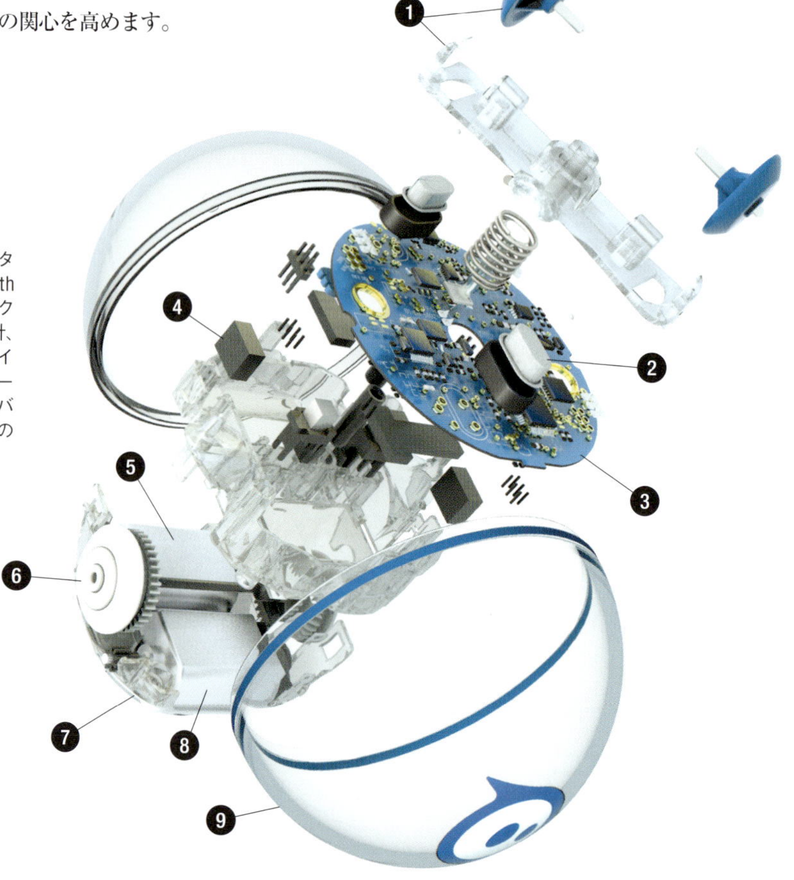

❶遊動輪（内部のメカのガタつきを抑える）❷Bluetoothアンテナ ❸回路基板（マイクロプロセッサー、加速度計、ジャイロスコープ、LEDライトなど）❹充電池 ❺モーター ❻駆動輪 ❼充電コイル ❽バラスト（バランスを取るための重り）❾シェル

●水陸両用で動作

「SPRK+」と「Sphero2.0」は、完全防水構造なので、水中でも陸上でも動かせます。

●サウンド再生と音声合成

効果音や音楽、テキストの読み上げなどを、スマートフォンやタブレットのスピーカーを使って行えます。ロボットの動きと連動させる楽しさがあり、プログラミングや遊びの幅が広がります。

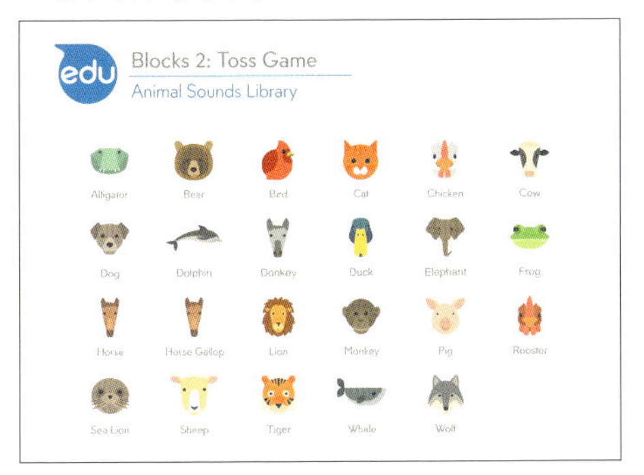

●遊びながら学ぶプログラミング

プログラミングを遊びながら学べることが特徴です。たとえば、迷路を作ってそこを通り抜けるといったプログラムが子どもたちに人気です。また自作のパーツを取りつけて、軽いものを運んだり、スマートフォンをセットして走行中の動画撮影も可能です。

●子どもの創造性を育成

たとえば、「SPRK+」に絵の具をつけて紙の上をすことで、お絵描きさせたり、ボウリングのボールとしてロボットを動かしたり、アイデア次第でさまざまな遊びを発明して楽しめます。また、図工が好きな子どもは、紙、木、3Dプリンタなどでパーツを自作して、いかだや多足ロボットに変身させて遊べます。

CONTENTS

第1章 Sphero Edu入門

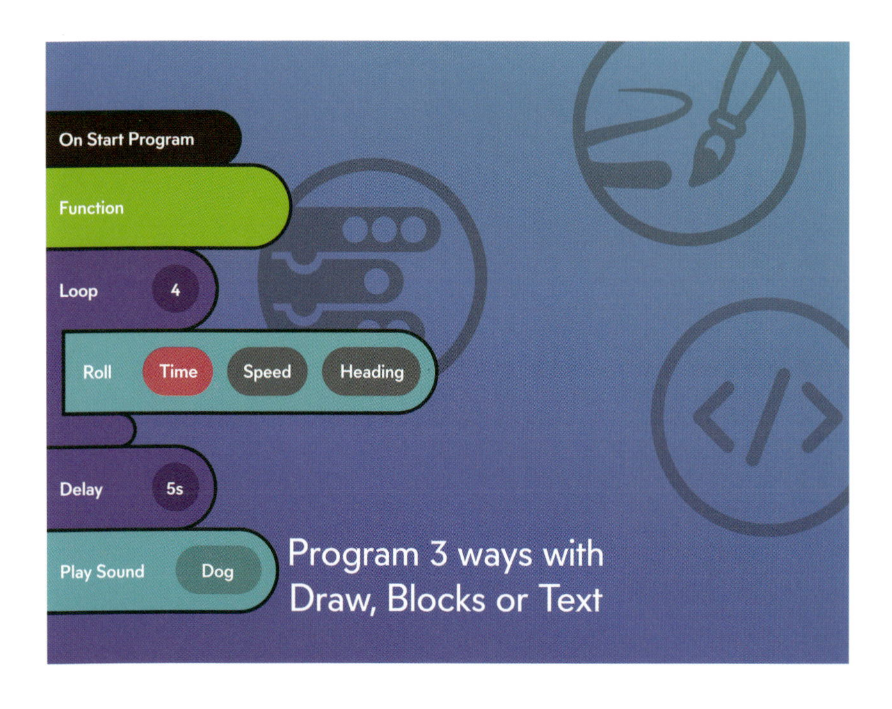

第2章 基本プログラミング学ぼう!

第3章 ブロック・ミッションを始めよう!

第4章 Spheroコネクテッドトイを動かす

第5章 Sphero Eduを教材として使う

CONTENTS

付録

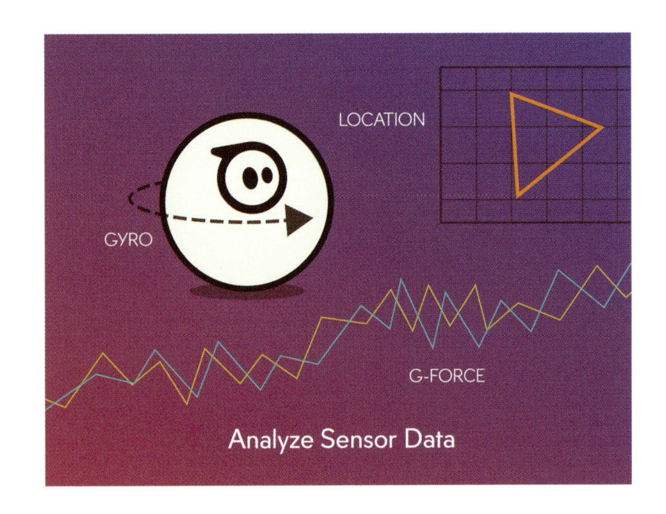

Sphero Edu入門

Sphero Eduアプリをインストールして ロボット「SPRK+」に接続しよう

「SPRK+」などのロボットをプログラミングするには、公式無料アプリの「Sphero Edu」をインストールする必要があります。「Sphero Edu」は、iOS、Android はもちろん、Fire OS や Chrome OS といった多彩なプラットフォームに対応しています。まずは、各プラットフォームが用意するアプリストアにアクセスし、インストールしてください。

Sphero Edu アプリのインストール

iOS（iPhone、iPad）
App Store

Android
Google Play

AmazonのFire OS、GoogleのChrome OSでも、「Sphero Edu」をインストールしてプログラミングが可能です。

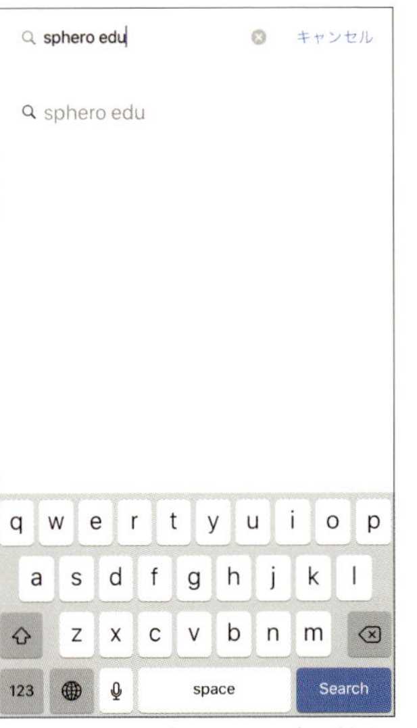

アプリストアで「sphero edu」を検索、もしくは左の QR コードを読み取ってください。

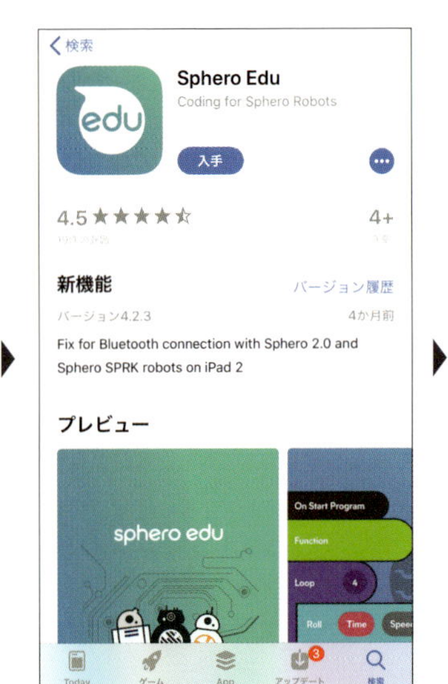

インストール操作をしてください。利用はもちろん無料です。

アプリのアイコンがホーム画面に追加されました。タップして開きます。

起動画面のあとに、アプリの機能を紹介するガイダンス画面が表示されます。横にスライドして見てみましょう。

「Sphero Edu」のアカウントを作成する「サインアップ」の画面が表示されます。アカウントはコミュニティに参加するときなどに必要になりますが、あとからでも設定は可能です。すぐにロボットを試してみたければ、「ゲストのまま続ける」をタップして、次に進みましょう。

ロボットの接続

画面下部の「ホーム」をタップし、さらに画面上の「フィード」を選択。「ロボットに接続」をタップします。ロボットとの接続はBluetoothを使用しますので設定でBluetoothをオンにしておきましょう。

一覧の中から、接続するロボットの種類を選択します。

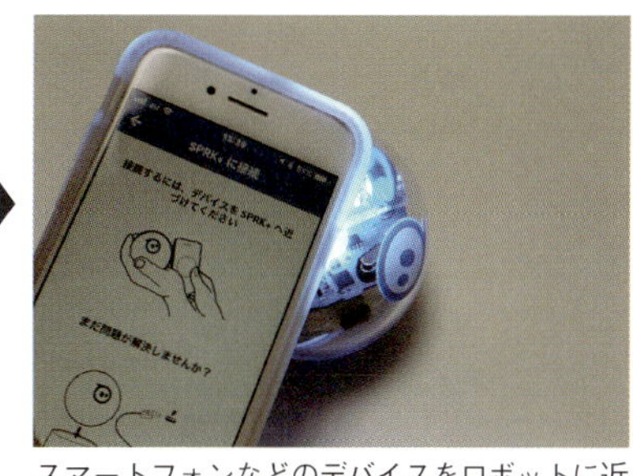

スマートフォンなどのデバイスをロボットに近づけます。実際にはこれほど近づけなくても接続されます。

接続すると、「SPRK+」のLEDが反応。先ほどの「ロボットに接続」のところにロボットの名前（英数字）が表示されます。

ロボットの名前をタップして自分の好きな名前に変更することができます。

ファームウェアのアップデート

ロボットと接続した際に右のような画面が表示される場合もあります。ファームウェアとはロボット内部のソフトウェアで、アップデートすることにより性能や機能が向上します。100％になるまで待ちましょう。

サインアップ（アカウントの作成）

「ホーム」から「プロフィール」を選択し、「サインイン」をタップします。「Sphero Edu」のアカウントでサインインするか、新たにアカウントを作成しましょう。サインインすることで、コミュニティなどへの参加が可能になります。

新たにアカウントを作成する場合は一番上の「サインアップ」を選択します。

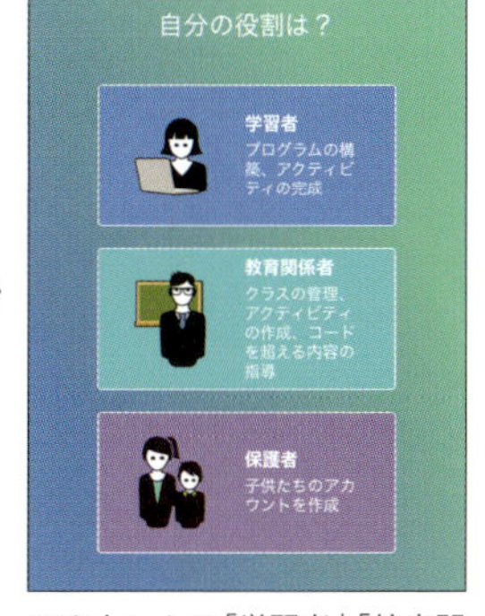

アカウントは「学習者」「教育関係者」「保護者」の3種類から選択します。自分の子どもが使う場合は「保護者」を選びましょう。

任意のユーザー名（英数字の組み合わせ）、メールアドレス、自分で決めたパスワードを入力。Sphero社からメールが送られてくるので、リンク先をクリックしアクティベートすればサインアップは完了です。

SPRK+の方向調整をして ジョイスティックで走らせよう

アプリの設定が終わったら、早速ロボットを動かしてみましょう。しかし、「SPRK+」や「Sphero Mini」「Sphero2.0」は球体なので、どちらが前か後ろかわかりません。そこで、最初に方向調整をします。その後は、アプリのジョイスティック操作で、リモコンカーのように自由自在に走らせることができます。

方向調整（AIM）

画面の下、一番右にある「ドライブ」をタップします。

画面左下の「AIM」をタップします。

「SPRK+」を床や地面に置き、アプリの「●」を円に沿って回転させます。その動きに応じて、「SPRK+」の青いLEDも動きます。光が自分の側に向いたら指を離します。指を離すと「ドライブ」の画面に戻ります。

ライトの色と明るさを変更する

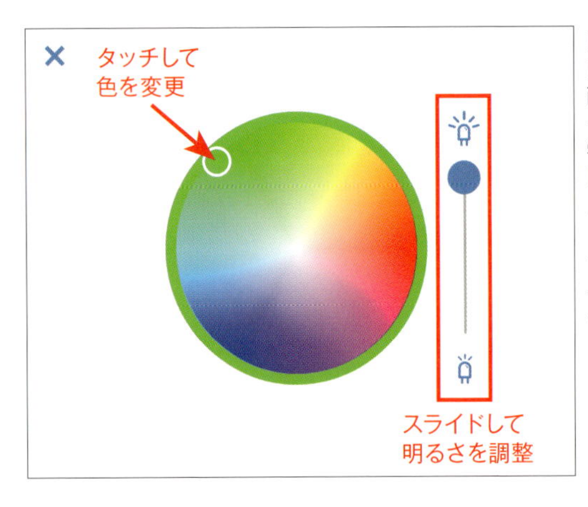

「ドライブ」の画面、上半分が「SPRK+」のライトを調節する画面です。円の好きな場所をタッチすると、その色が光ります。学校の授業など、複数の「SPRK+」で遊ぶ場合、色を変えておくと自分の「SPRK+」がすぐにわかり便利です。右のスライドバーは、明るさ調整です。上へスライドすると明るく、下へスライドすると暗くなります。

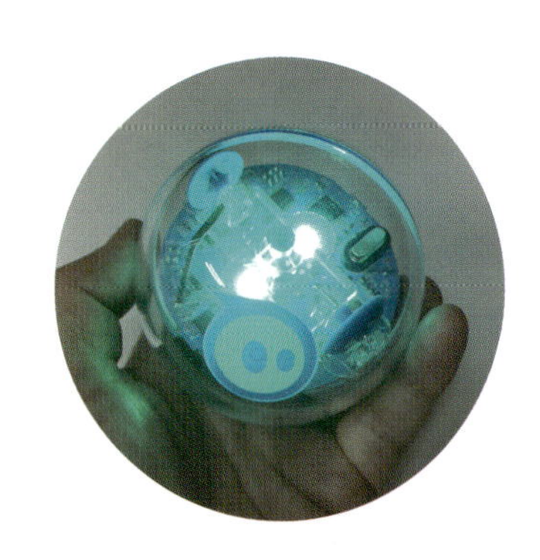

ジョイスティックで操縦する

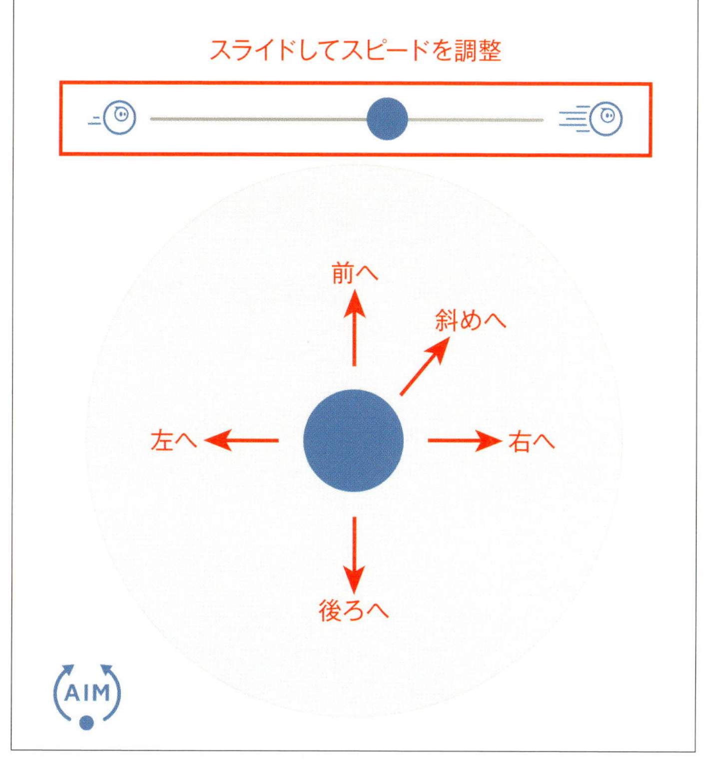

「ドライブ」の画面、下半分は「SPRK+」をリモートコントロールで動かす画面です。下の円で中央の「●」を動かすと、その方向に走ります。上へ動かすと「SPRK+」は前へ、下に動かすとバックします。左右、斜め方向へも自由自在です。おもちゃなどのリモコンと異なるのは、動いている本体から見た方向ではなく、操縦者から見る方向へ進むことです。地図を俯瞰する（上から見る）感覚で操作するとうまくいきます。上のスライドバーは、スピードの調整です。右へスライドすると速く、左へスライドすると遅くなります。

「ホーム」の「フィード」以外の画面

3D モデル
下のスライドバーを右に動かせば「SPRK+」の内部を立体画像で見ることができます。各部品の説明もあります（ただし表記は英語です）。

プロフィール
ユーザーの名前やメールアドレスの情報を表示。アイコンは好きな画像を登録することができます。

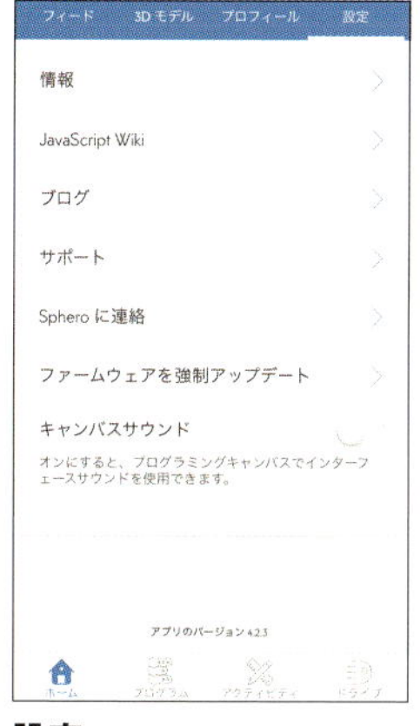

設定
アプリの紹介やサポート、連絡先などの情報にアクセスできます。

「SPRK+」の充電方法

「SPRK+」を充電するには付属の充電台（クレードル）を使用します。AC アダプターと USB ケーブルで接続し、上に「SPRK+」を載せるだけで充電を開始。クレードルの青色の点滅が点灯に変われば、充電は完了です（ゼロからチャージするのにかかる時間は約 3 時間）。

その他の機能

「Sphero Edu」アプリには「ホーム」と「ドライブ」以外に、「プログラム」と「アクティビティ」という機能が用意されています。簡単にその機能を紹介します。

プログラム

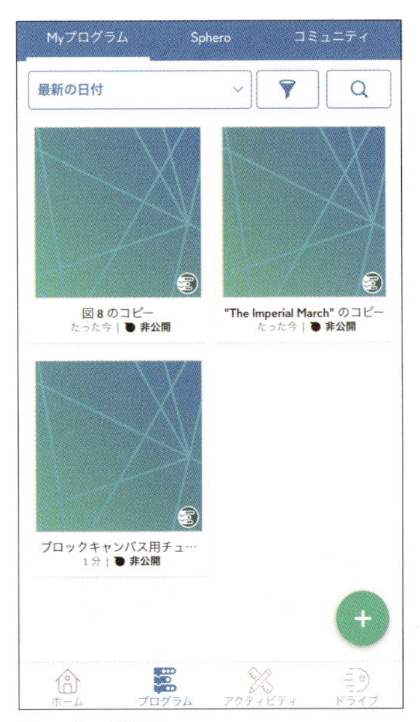

Myプログラム

ユーザーが作成したプログラムはここに保存され、いつでも呼び出して使うことができます。

Sphero

Sphero社が作成したプログラムが公開され、自由にダウンロードして体験することが可能です。解説の動画があるプログラムもあります。

コミュニティ

世界中の「Sphero Edu」アプリユーザーによって投稿されたプログラムが見られ、ダウンロードして試すことができます。

アクティビティ

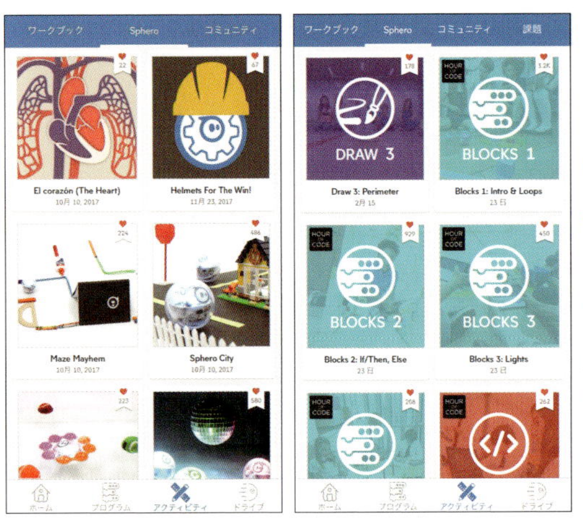

「Sphero Edu」のプログラムを使った学習の仕方や遊び方が、投稿されています。主に教育関係の方がターゲットですが、プログラミングを使ってさまざまな学びをしたい人、自分が作ったプログラミングの使い方を説明したい人にも役立つ機能です。アクティビティは、Sphero社が作ったものだけではありません。ユーザー自身がワークブックをテンプレートから作成でき、コミュニティを通じて投稿・共有も可能です。

基本プログラミングを学ぼう!

ドロー、ブロック、テキストの3つの方法がある

Sphero Eduは、「ドロー（Draw）」「ブロック（Blocks）」「テキスト（Text）」の3つの方法でプログラミングができます。
本書では初心者でもすぐに始められる「ドロー」と「ブロック」を中心にプログラミングを解説しています。

真っすぐ進んで曲がり、また真っすぐ進むという同じロボットの動きを、プログラムのタイプ（方法）を選択すると、下の3つの画面になります。

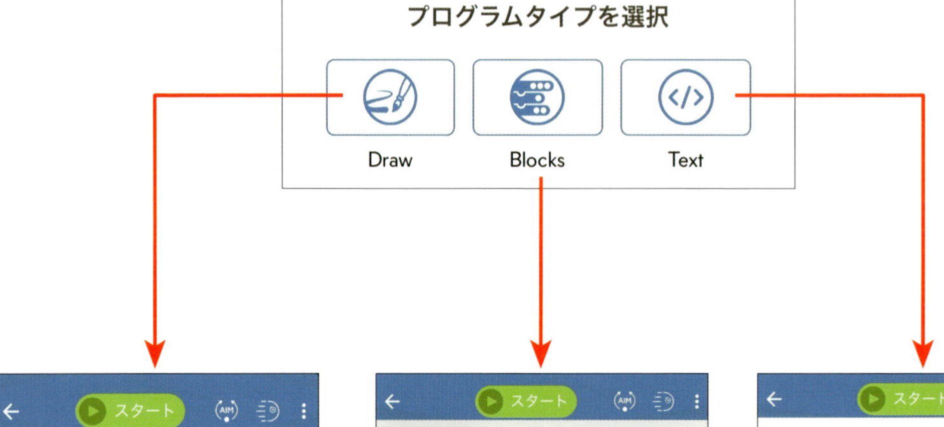

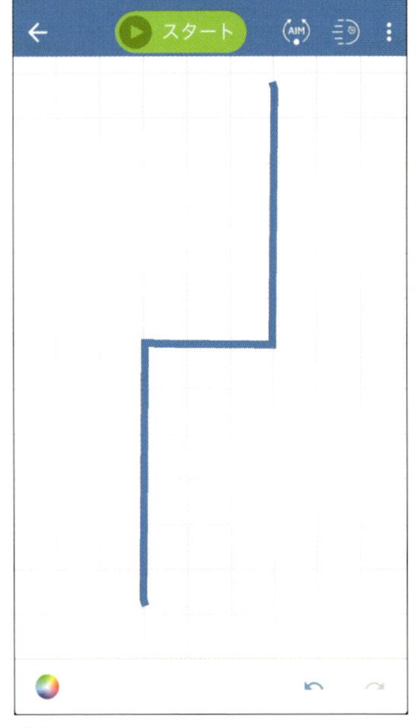

ドロー

「ドロー」は、お絵描きのように指で画面に線を描くだけでロボットをコントロールできます。幼児でも楽しめる簡単なプログラミング方法です。

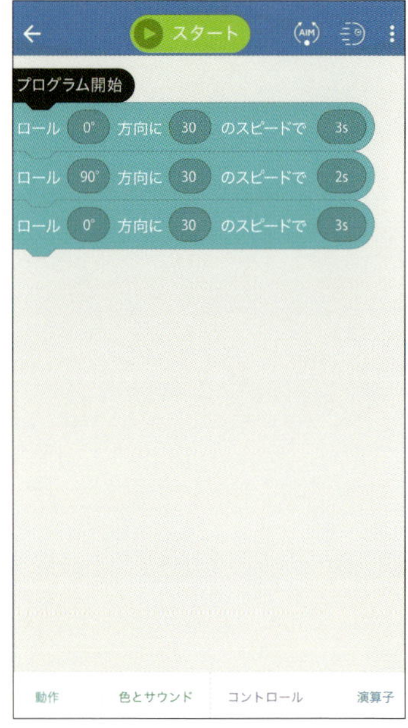

ブロック

「ブロック」は、おもちゃのブロックを組み合わせるようなプログラミングの方法です。さまざまな命令を含むブロックの組み合わせで、ロボットの動き、音、光のプログラムができます。

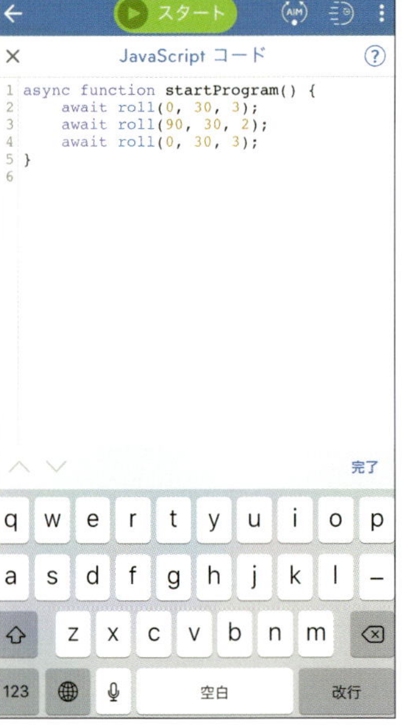

テキスト

「テキスト」は、JavaScript（ジャバスクリプト）というプログラミング言語（テキスト）を使い、ロボットをプログラミングします。

ドローでプログラミング

では、ドローでのプログラミングがどのようなものか、実際にロボットを動かしながら見ていきましょう。

新しくプログラムを作るには、画面一番下の「プログラム」を選ぶと、画面左上に出てくる「Myプログラム」を選択します。画面の右下にある「＋」ボタンをタッチします。

プログラムタイプは、「Draw（ドロー）」、互換ロボットは、自分の持っているロボットを選択します。「SPRK+」の場合は、「Sphero」を選択します。また、一番上にあるプログラム名には、「ドローの練習」のようなわかりやすい名前を入力しましょう。設定が終わったら、「作成」ボタンにタッチします。

ドローのプログラムのために、方眼紙のようなキャンバスが現れます。

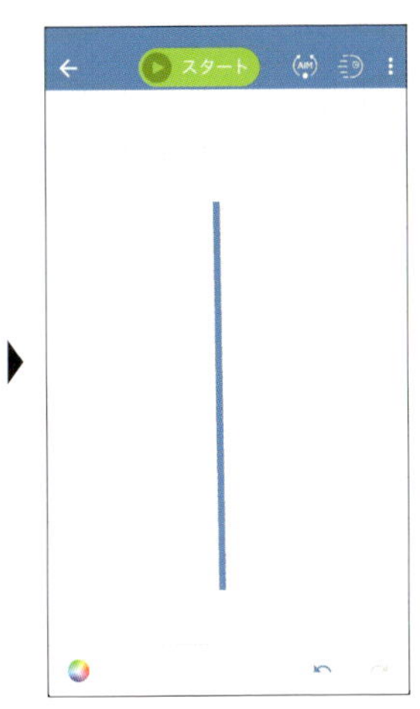

キャンバスの上で、下から上に指を滑らせて真っすぐな線を描きましょう。これでロボットが直線的に遠ざかっていくようにプログラムができました。次に、画面右上の「AIM」にタッチしましょう。

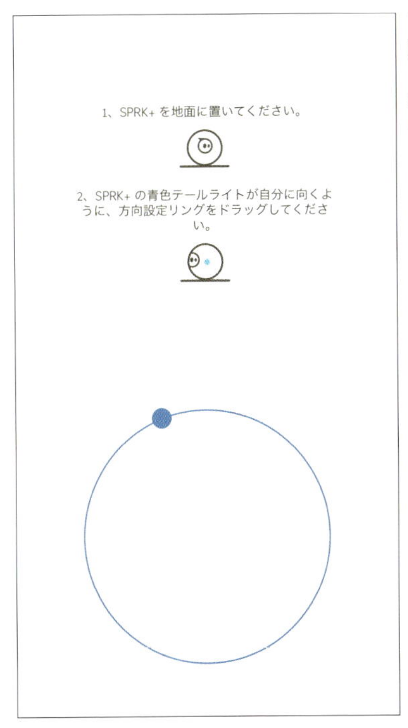

プログラムでロボットを動かす前に、「AIM」でロボットを正しい向きにしておきましょう。左の画面で、ロボットの青い光を自分のほうに向けます。

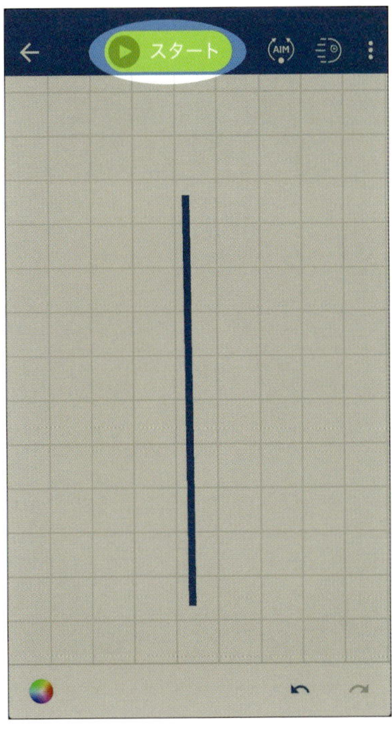

「AIM」で向きの調整が終わったら、画面の上にある「スタート」ボタンにタッチします。すると、ロボットが動き始めます。自分が描いた線と同じように真っすぐ動きましたか？

いろいろな動きをドローで命令する

いろいろな形を描いて、ロボットの動きを確かめてみましょう。たくさん試したら、線の描き方のコツやロボットの動きがわかってきます。
新しく線や図形を描くには、ドロー画面の左上にある「←」ボタンにタッチして「プログラム一覧」に戻り、「＋」ボタンで新しいプログラムを作ることもできます。前に作ったプログラムは「My プログラム」に自動的に保存されます。

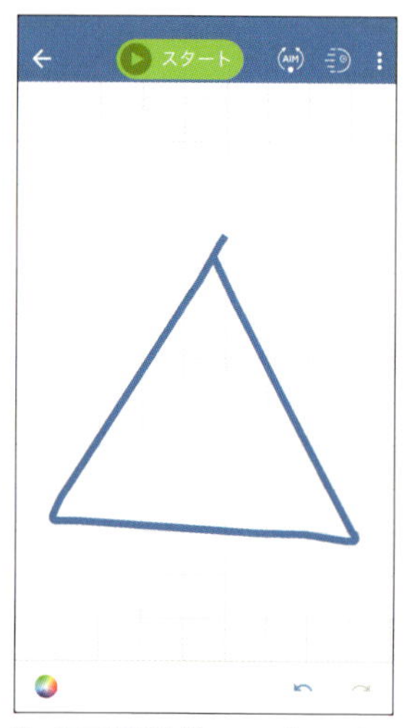

まず、正三角形を描いてみましょう。どこから描き始めてもいいですが、指を画面から離さずに、一筆書きで描いてみましょう。描き終わったら、画面の上に出てくるスタートボタンを押して、ロボットを動かします。

ジグザグのZ（ゼット）の字を描いてみましょう。画面上のどこからスタートするか、ロボットのスタート地点をどこにするか、よく考えてみてください。

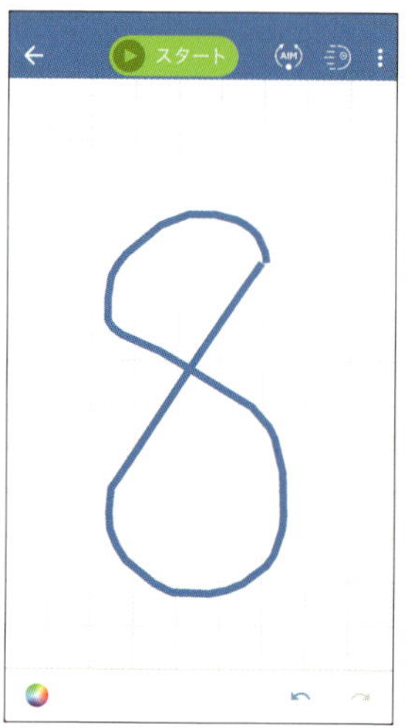

8の字にも挑戦してみましょう。スタートとゴールを上手につなげることができましたか？

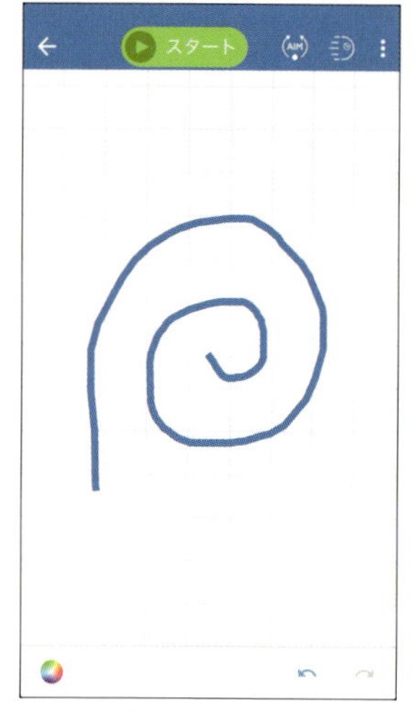

最後に、うず巻きも描いてみます。ほかにもいろいろな図形を描いて、ロボットの動きを観察してみましょう。

ヒント

- 思いどおりに動かなくても大丈夫。何度でも取り消してやり直せます。
- ロボットの動きがおかしい場合は、もう一度描いた線を確かめてみよう。うっかり画面にタッチして、描いた線以外にも線や点がありませんか？
- 線とは別の方向に動いてしまう場合には、ロボットの向きが正しくないかもしれません。プログラミングで動かす前に、必ず方向調整（P.20 参照）をします。
- 一筆書きしないと、途中で止まります。画面から指を離さないで一気に線を描こう。
- 空いている場所からロボットがはみ出してしまう場合は、図形を小さく描いてみよう。
- ロボットがまったく動かないときは、デバイスと接続が切れているかもしれません。つながっているか確認しましょう。うまくいかなければ、一旦アプリを閉じて、もう一度最初から始めましょう。
- それでも思いどおりに動かない？　大丈夫です。ロボットの速さを変えることができます。

真っすぐの動きに、速さと色のプログラムを加える

「ドロー」で自由に動かせるようになった、ロボットの動きの速さや色を変えてみましょう。

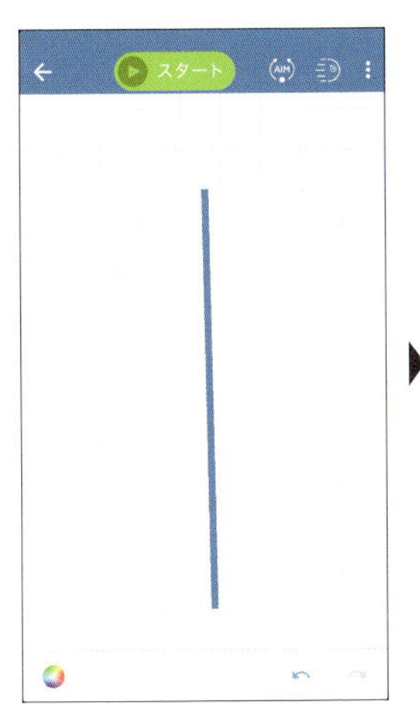

「ドロー」を使い、好きな色と速さでロボットが真っすぐに動くプログラムを作ります。ドローの画面で真っすぐな線を描き、方向調整をしてから、一度ロボットを動かします。実際に動くスピードと色をよく観察してください。

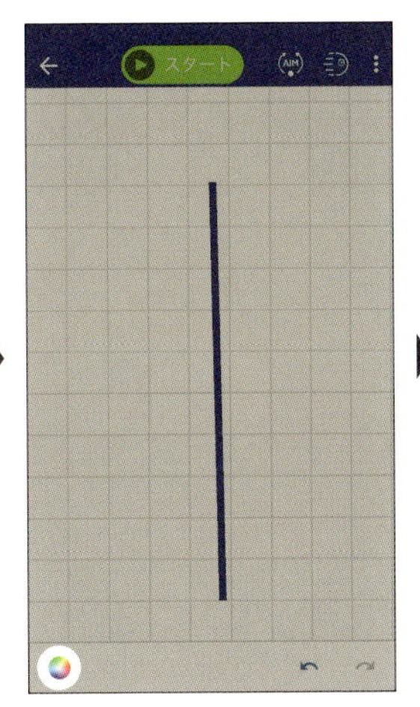

線を消したい場合は、右下の左矢印を押します。ここでは、線を描いたあとに左下のカラフルな丸いボタンをタッチして、「カラーホイール」と「速さ調整バー」を出します。

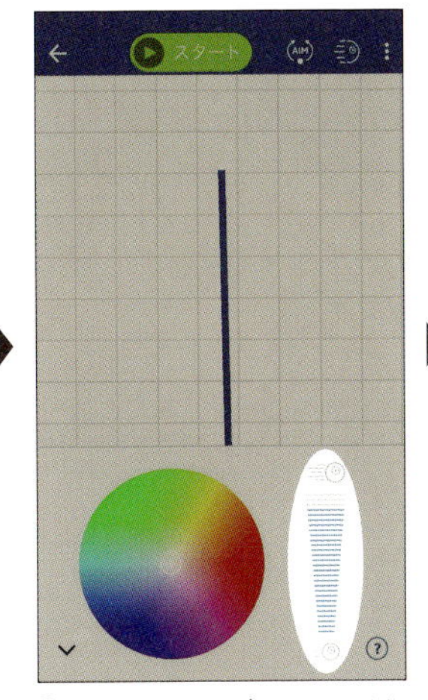

「カラーホイール」にタッチして「メインLED」の色を設定し、「速さ調整バー」でスピードを設定できます。ここでは、速さだけを設定しました。設定が完了したら、左下の「V」印をタッチして設定画面を消します。

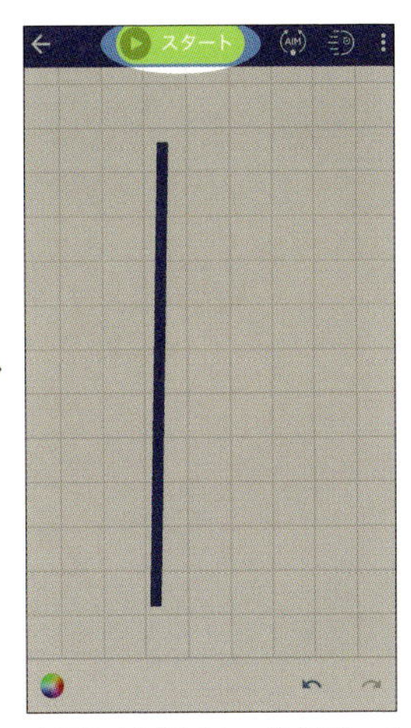

右下の左矢印で古い線を消してから、新しい線を描きます。新しい線は、前画面で設定した色とスピードが反映されます。スピードが速いと線は太くなり、遅いと線は細くなります。ロボットを動かして色と速さを確認しましょう。

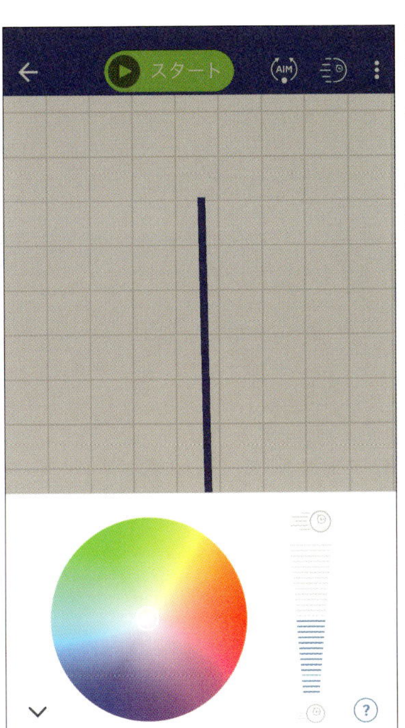

「メインLED」の色を変えたい場合は、画面左下の小さいカラフルなボタンをタッチして、左の画面を出します。「カラーホイール」の好きな色の部分をタッチして、色を設定します。古い線を消してから新しい線を描くと、設定した色で線が描けます。

プログラムでロボットを動かしているときに、スマホの画面にはグラフが現れます。これは、ロボット内のセンサーがとらえた、ロボットが動いている ロケーション（位置）情報を示します。

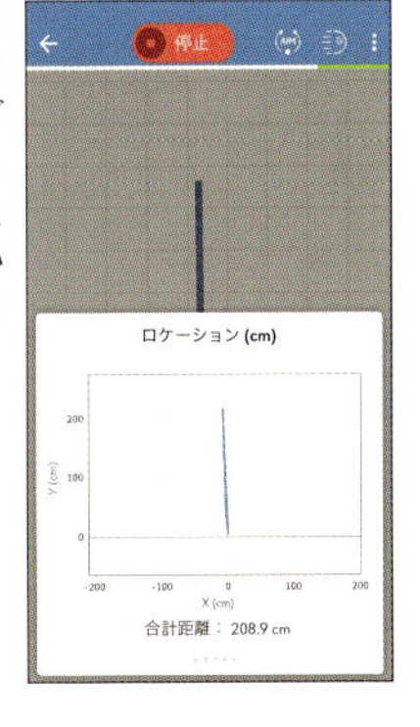

Mission

2 ロボットの動きとデータ観察

ロボットの動きとデータの関係をもっと詳しく観察してみましょう。ロボットが思ったように動かないときなどに、データを見ることで原因がわかったり、改良点が見つかったりすることもあります。

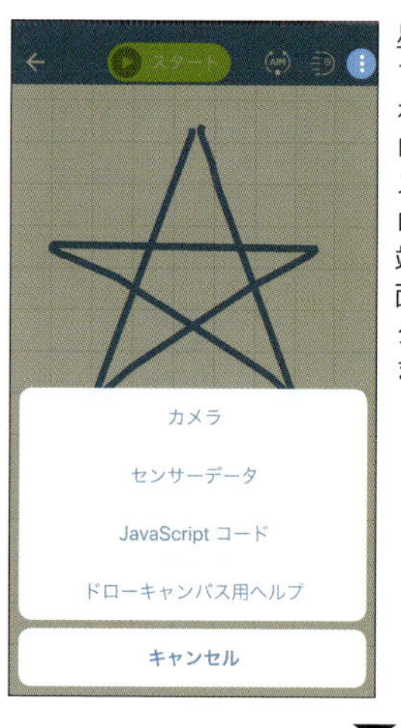

星形を描いてロボットを動かしてみます。動いている間にはロボット内のセンサーがとらえたロケーション（位置）データがスマホ画面に表示されます。プログラム終了後に、画面上の右端ボタンにタッチして、左の画面が出てきたら「センサーデータ」を選択します。すると、さまざまなデータが見られます。

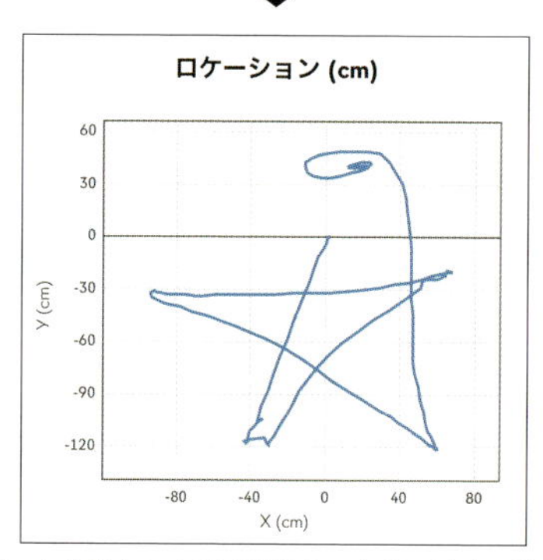

ロボットを動かした場所が狭かったり、途中で壁にぶつかったりすると、ロケーションデータがきれいな星形にはなりません。場所を広くしたり、星を小さくしたり、ロボットのスピードを変えたりしてみます。

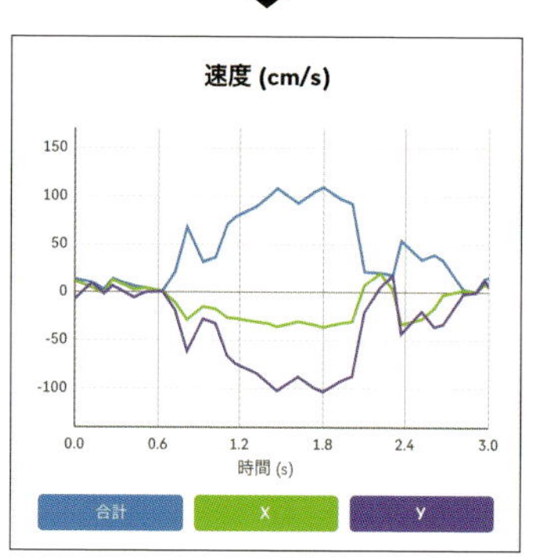

速度のデータを見ると、途中で急にスピードが落ちているところがあります。壁にぶつかって速度が落ちたのです。

速度を落としたり、星形を小さく描いたり、ロボットを置く場所や走り出す方向を変えてみます（速度を変えたら、忘れずに星形を描き直してください）。速度を落とすとゆっくりと動きますが、基本的に移動距離は変わらないので、同じ位置に壁などがあれば、またぶつかってしまいます。ロボットの動きを観察して、改良点を考えてみましょう。

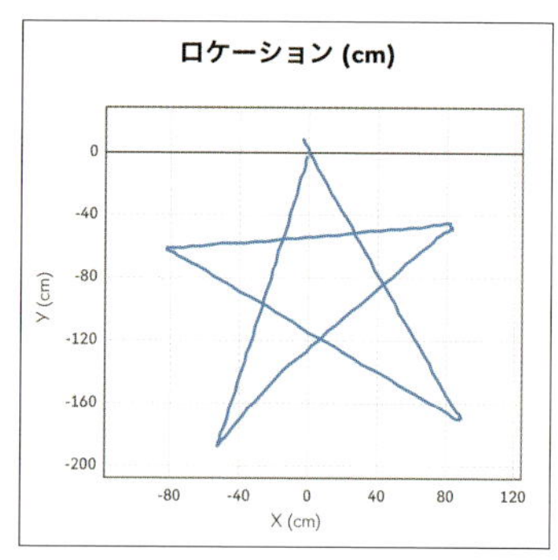

壁にぶつからずに走れるようになり、プログラムしたとおりの星形になりました。

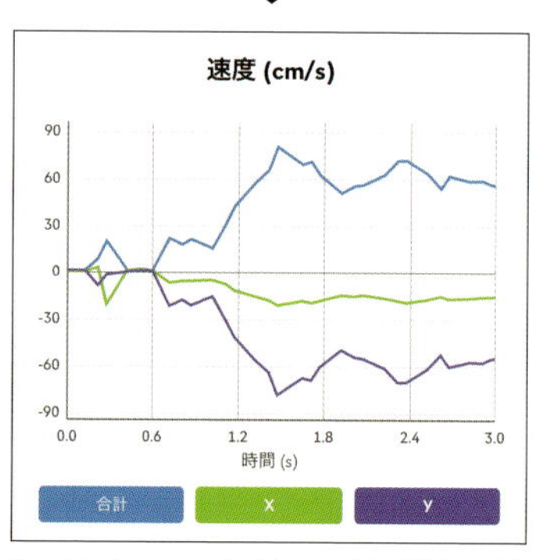

壁にぶつからなくなったことで、急な速度の低下も起こらなくなりました。

Mission 3

お星さまキラキラ

「ドロー」で絵を描くときの基本は一筆書きですが、線がつながってさえいれば、途中で指を離して速さや色の設定を変えられます。向きを変えるたびに色が変わるお星さまを描き、そのとおりにロボットを動かしてみましょう。

新しく「ドロー」でプログラムを作成し、最初にロボットを光らせたい色を選びます。ここでは、青にしました。

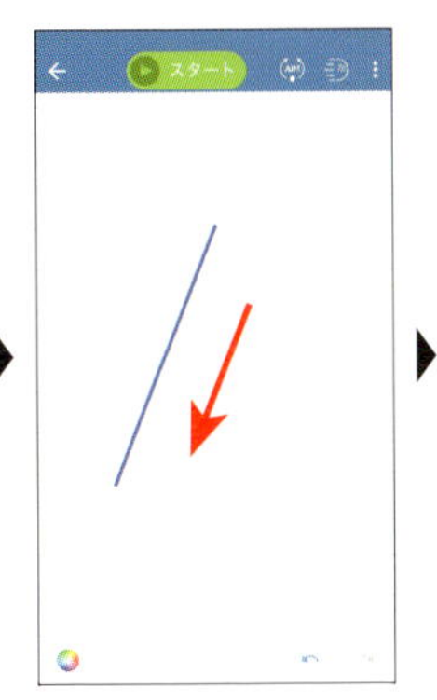

最初の線を描きます。

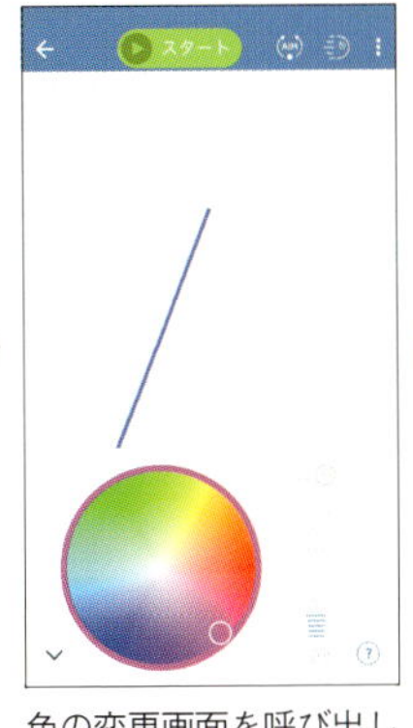

色の変更画面を呼び出して、色を変えます。今度は、ピンク色にしてみました。

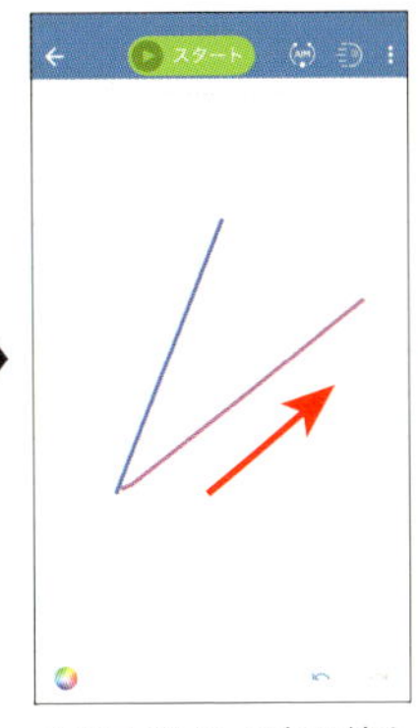

２番目のピンク色の線を描きます。

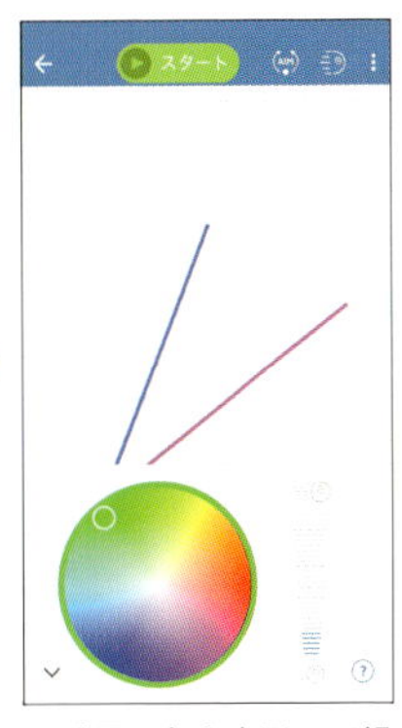

３番目の色を変更して緑色にしました。円盤の外枠に、自分が選んだ色が出てくるので確認してみましょう。

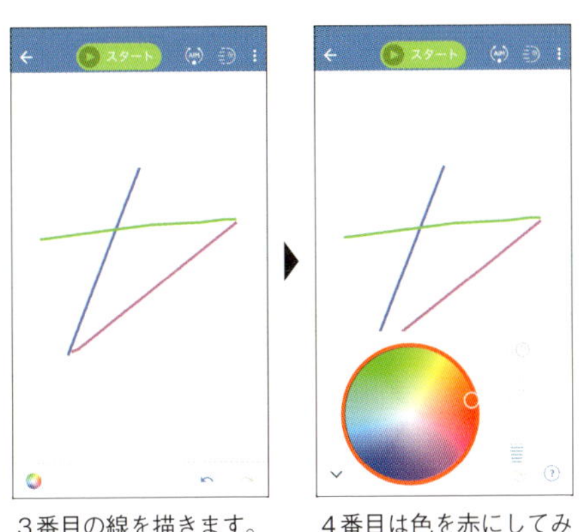

３番目の線を描きます。

４番目は色を赤にしてみます。

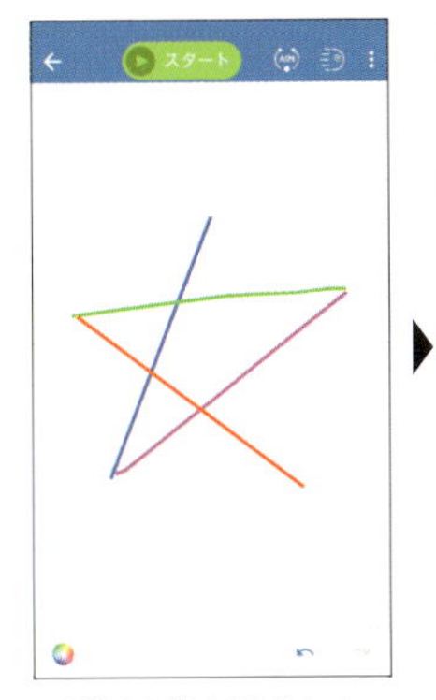

４番目の線を描きます。

最後に、黄色を選んでみました。

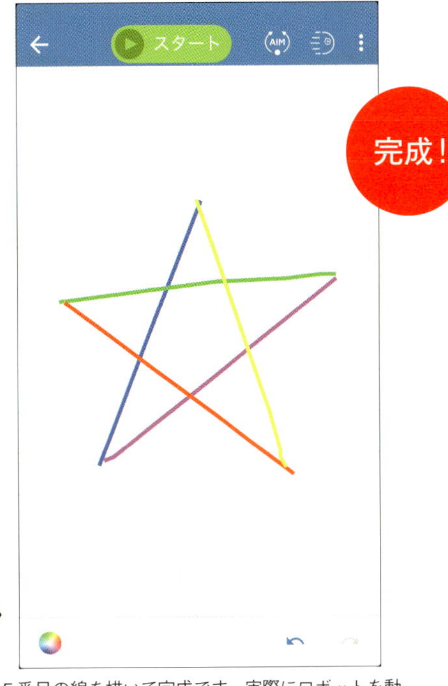

５番目の線を描いて完成です。実際にロボットを動かしてみましょう。自分の好きな色で星形を描いてください。また、暗い部屋でロボットを動かすと、光がきれいに見えます。星形にうまく動かない場合は、ロボットの動かす場所の広さ、速さ、描く星形の大きさや線を描き始める場所を変えて、何度も試してみましょう。

ブロックでプログラミング

Sphero Edu の「ブロック」では、ブロックを組み合わせてプログラミングします。ブロックで作成したプログラムでコマンド（命令）して、ロボットを動かすのです。真っすぐに遠ざかっていくプログラムを作る手順を見て、イメージをつかみましょう。ブロックでプログラムを作るための説明は、次のページから始まります。

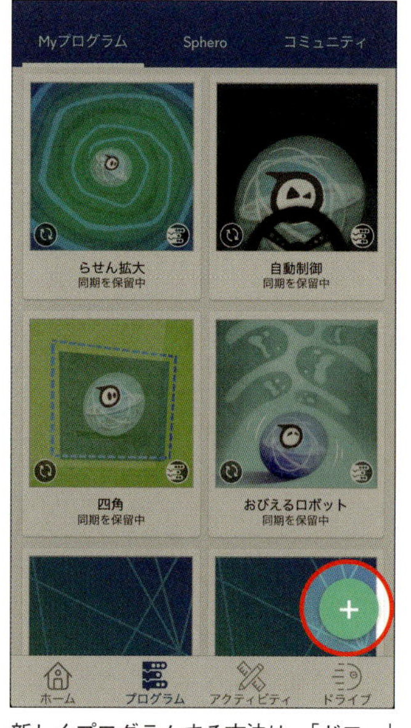

新しくプログラムする方法は、「ドロー」と同じです。「プログラム」の「My プログラム」の画面の右下にある「+」ボタンをタッチします。

プログラムタイプは「Blocks」、互換ロボットは自分のロボットの種類（「SPRK+」なら「Sphero」）を選択します。プログラム名は好きな名前をつけましょう。たとえば「ブロックの練習」のような名前にすれば、あとから探すときに便利です。設定が終わったら、「作成」ボタンをタッチします。

「プログラム開始」というブロックが置かれた、白いキャンバスが現れます。このキャンバス上にブロックを組み合わせて並べるだけで、プログラミングができます。

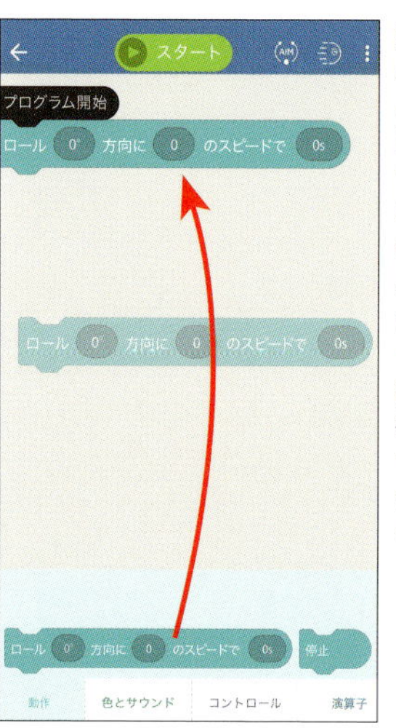

画面下にはさまざまな命令が、カテゴリーごとにまとめられています。たとえば「動作」のボタンにタッチすると、関連する命令のブロックが表示されます。そのブロックのひとつ「ロール」に指でタッチしてそのままキャンバス上に引っ張り出します。「プログラム開始」の下まで移動すると磁石のようにくっつきます。これで、「ロール」という命令のブロックが配置されたことになります。

走り出す「方向」「スピード」「継続時間」の数値を入力すると、真っすぐ走るプログラミングの完成です。「AIM」ボタンを押してロボットの方向調整をしたら、「スタート」でプログラミングを実行します。

ブロックプログラミングの3つのステップ

ブロックプログラミングをマスターするには、3 つのステップがあります。
最初に、ブロックの出し方や並べ方、消し方などの「基本」を簡単なプログラムを作りながら覚える。次に、ブロックの種類や役割をおおまかに知る。詳しい説明は 2 章に書かれています。その後、3 章で実際にロボットを動かしながら、「ブロックプログラミング」を習得する。面白そうなものから試してみましょう。

3つの直線をつなぐプログラミング

ブロックプログラミング画面の説明

プログラムを始める基本画面です。ブロックでプログラミングするキャンバスに備えられた機能を、「ここはこんな役割なのだ」と、大まかに覚えておきましょう。

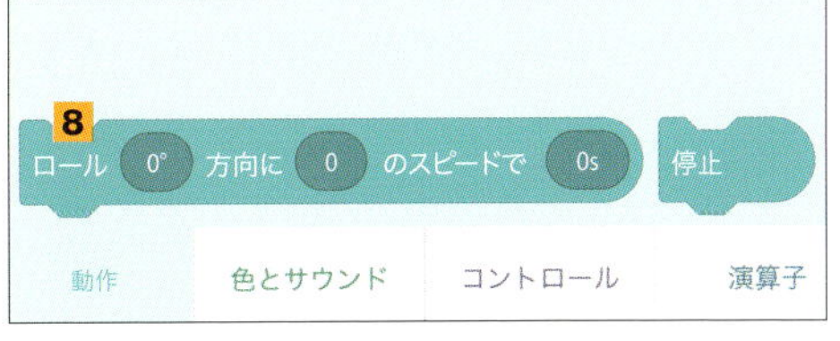

1プログラムを自動的に保存して「My プログラム」の画面に戻る。2プログラムをスタートする。3「AIM」にタッチして方向を調整する。4ロボットを選ぶボタン。5カメラ、センサーデータ、JavaScript コード、ブロックキャンバス用ヘルプ、ブロックをクリーンアップ、表示をリセットなどのオプションメニュー。6ブロックプログラミングの「キャンバス」。7ブロックコマンドのメニューボタン（右のほうに隠れているので、スライドするとすべて見られます）。8「メニューボタン」にタッチすると、そのカテゴリーの「ブロック」が出てきます。ブロックを長押しすると「ブロックヘルプ」が出てきます。さらにクリックすると説明が表示されます。「了解！」ボタンにタッチすると説明は消えます。

ブロックの出し方と設定方法

ブロックには、「キャンバス」にそのまま並べるだけでよいものと、設定が必要なものの2種類があります。「ロール」ブロックは、設定が必要なブロックの例です。ロボットを走らせる「ロール」ブロックの設定方法は、とても簡単です。これを学べば、ほかのブロックの設定も楽にできます。

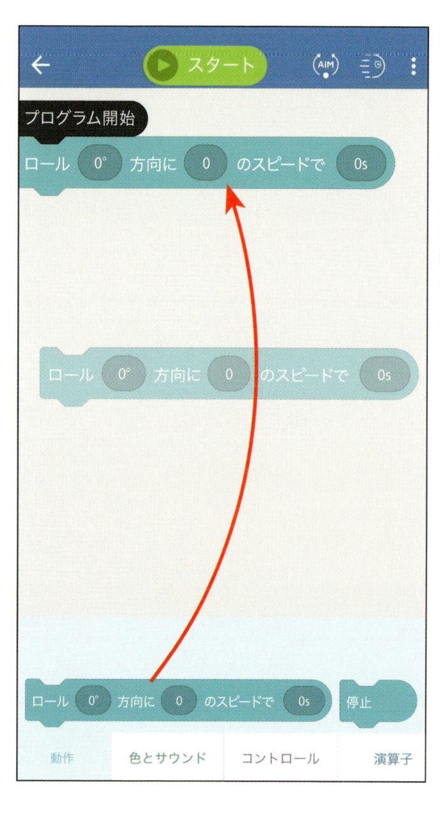

画面下の「動作」のボタンにタッチし、「ロール」のブロックを「プログラム開始」の下にくっつけます。「ロール」という命令は、モーターが動きロボットを走らせる役割をします。ロボットを走らせるためには、走り出す角度（方向）、走る速さ（スピード）、走っている時間（継続時間）の３つの数字を、「ロール」ブロックにある３つの丸の中に順番に入れていきます。

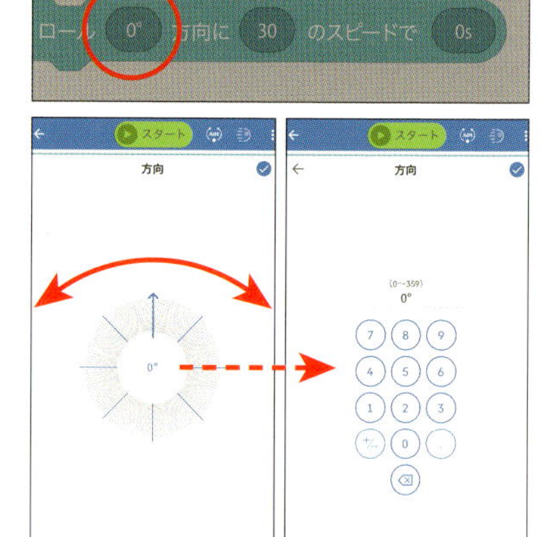

●方向設定

赤丸のついた「方向」の丸をタッチして、ロボットが走り出す角度を決めます。「方向」は、円盤の上の矢印を指で動かして直感的に決めることができます。また、数字にタッチすると、テンキー（数字キー）が現れるので、角度を数値で設定したいときは、これを使います。数字を修正するときには、テンキーの一番下のボタンにタッチして１字ずつ消し、新たな数字を入れます。ここでは、最初に前に真っすぐ進めたいので「０度」のままです。最後に、右上の「✓」にタッチすると設定されます。

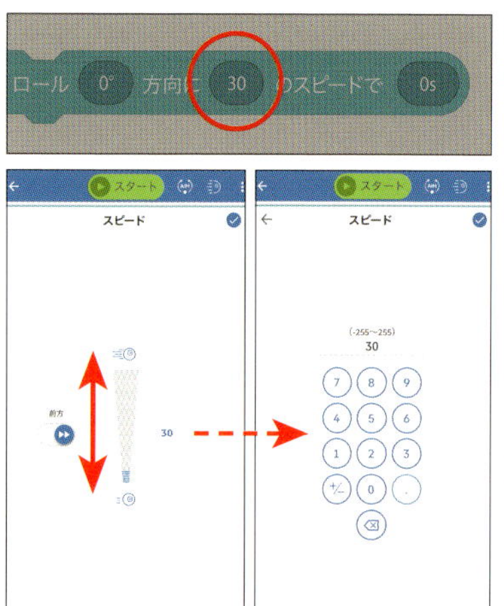

●スピード設定

中央の丸をタッチして、走らせる「スピード」を決めます。目盛りの青い部分を指で上下させて、０～255の範囲で設定してください。「前方」というスライダーにタッチして「後方」に切り替えると、前後逆に走ります。ここでは、スピードを30にしました。この数値は、ロボットの内蔵モーターのパワーへ命令するものです。しかし、実際のスピードは、ロボットの種類や床の材質によって変わります（滑りや抵抗が発生するためです）。「スピード」も数字にタッチして表示されるテンキーを使い、細かく数値設定ができます。設定範囲は－255～255になり、マイナスの数値の場合には「後ろ向き」に走ります。

●継続時間

一番右の丸をタッチして、何秒間走り続けさせるかを決めます。これはテンキーで設定し、小数点以下の数字も設定できます。ここでは3秒にしました。

2つ目のブロックの作成

今度は自分で考えて、2つ目のブロックを作ってみましょう。

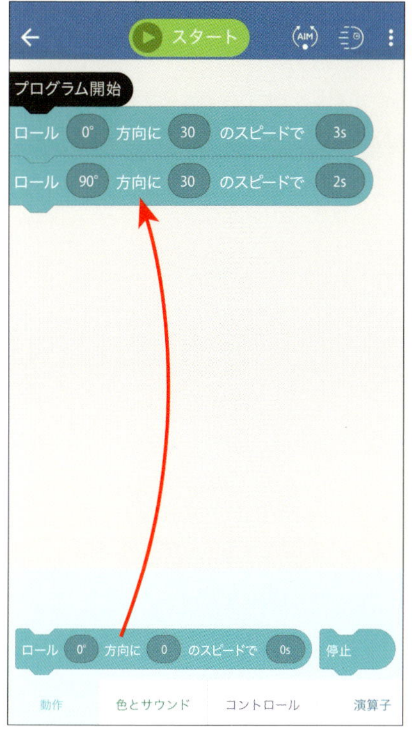

もう一度、下から「ロール」ブロックを「キャンバス」に持ってくると、「ロール」ブロックの下にくっつきます。丸の中の数字をタップして数値入力画面から設定しましょう。新しい「ロール」ブロックは、「方向90度」「スピード30」「継続時間2秒」に設定します。

3つ目のブロックをコピー&ペーストで作る

3つ目のブロックも2つ目と同じ操作で作れます。ここでは、「Sphero Edu」アプリならではの作成方法を紹介します。また、ブロックに自分なりの説明をつけられる「コメント」機能も説明します。

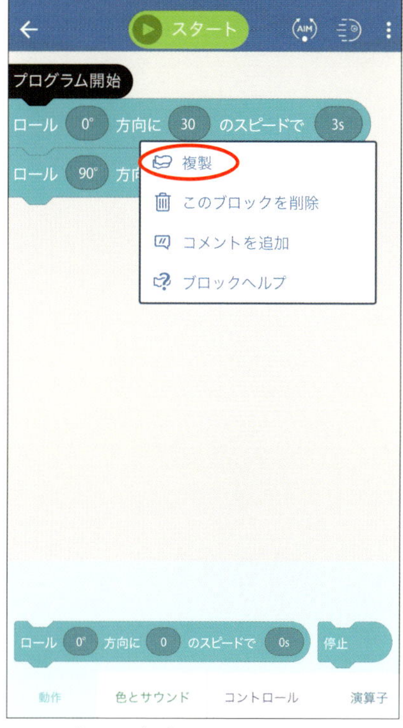

2つの「ロール」ブロックが上下に並んでいる、上のブロックを指で長押しします。ポップアップメニューで出てくる「複製」をタップします。

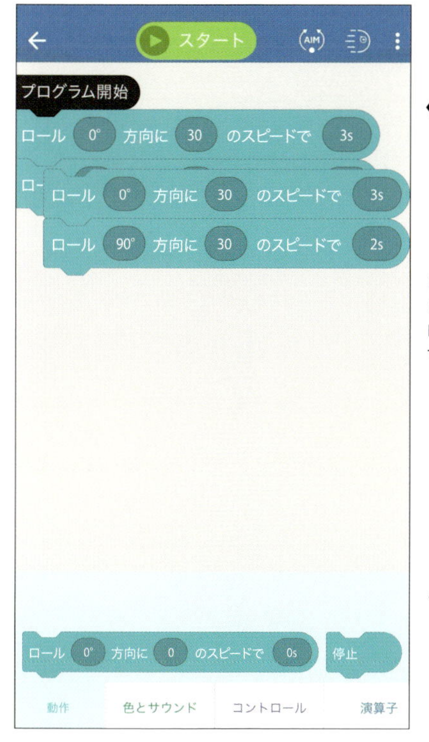

2つのブロックが複製されて、長押ししたブロックの下に現れます。

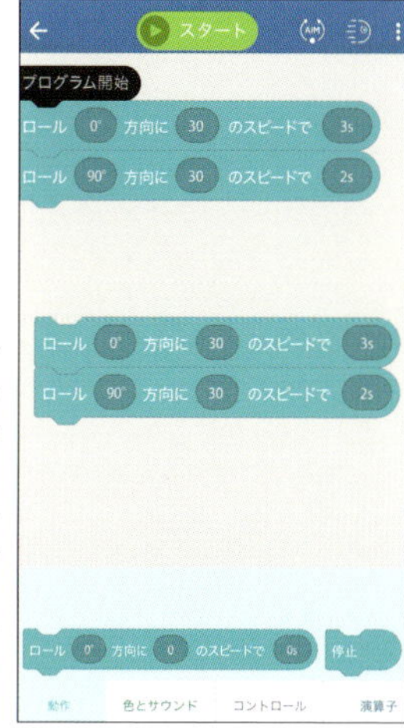

複製された2つのブロックをタッチしながら指をすぐに動かすと、移動できます。ここでは、複製した2つのブロックを作業しやすい位置まで移動してみました。この時点では、2つのブロックは作業中です。

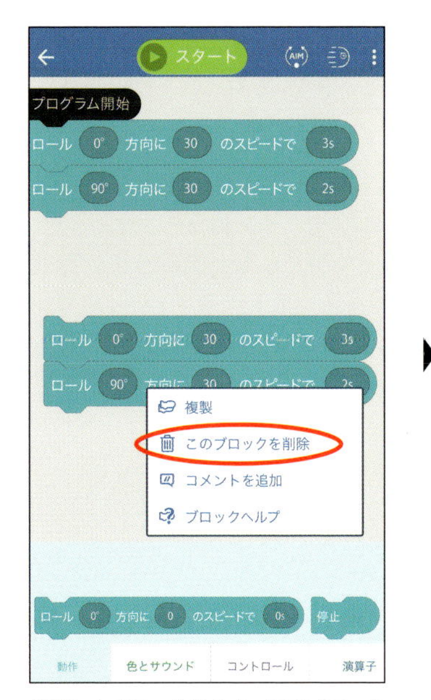

複製したブロックのうち、下のブロックは削除しておきましょう。ブロック削除の方法は2つあります。1つ目は、ブロックの長押しで表示されるポップアップメニューから「このブロックを削除」を選ぶ方法です。

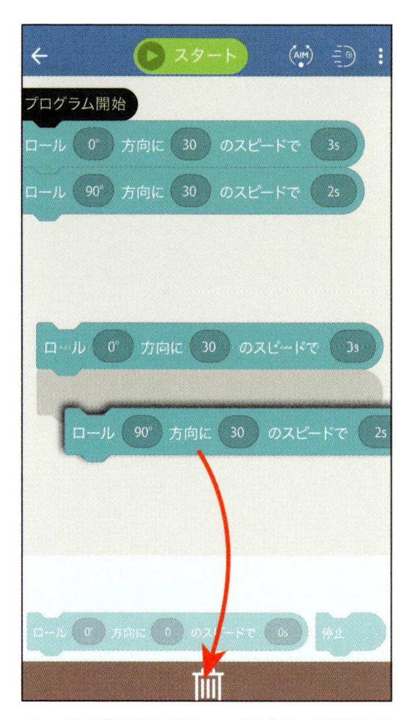

2つ目の削除方法は、ゴミ箱への移動です。ブロックにタッチしたまま下のほうに移動すると、画面の下にゴミ箱が表示されます。削除したいブロックをゴミ箱まで移動したら、指を離します。

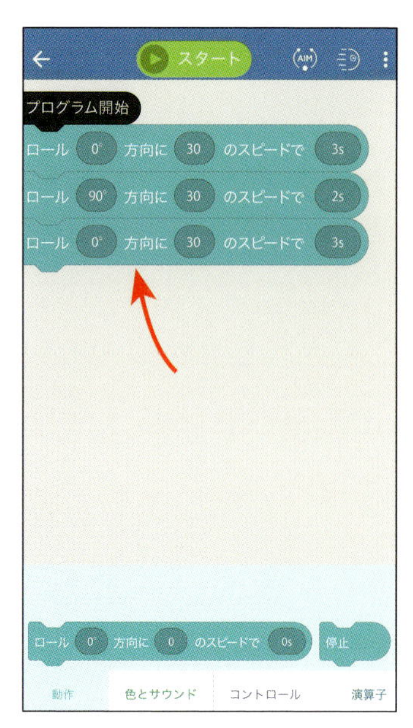

最後に、作業中の1つのブロックを最初からある2つの「ロール」ブロックの下に指でタッチしながら移動してくっつけます。これで、ロボットが2回曲がりながら走るプログラムが完成しました。

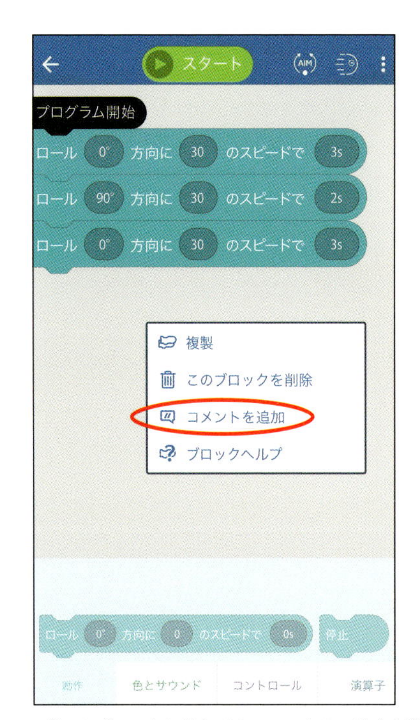

1つずつのブロックに対してのコメントのつけ方も覚えておきましょう。コメントをつけたいブロックを長押ししてポップアップメニューを出し、「コメントを追加」を選びます。

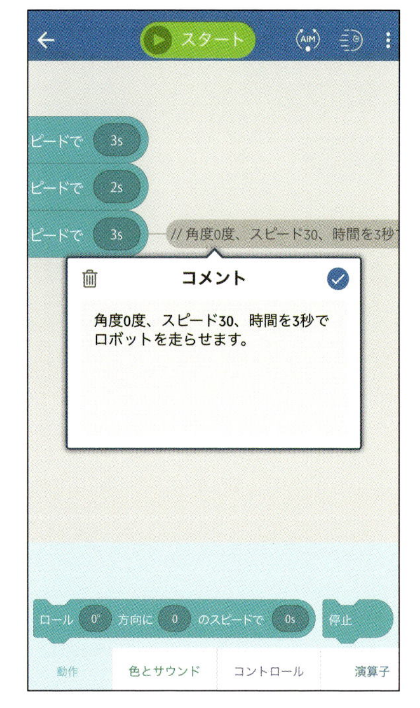

灰色のコメントバーにタッチしてコメントを入力します。書き終わったら右上の青いチェックボタンをタッチすると、入力内容が決定されます。

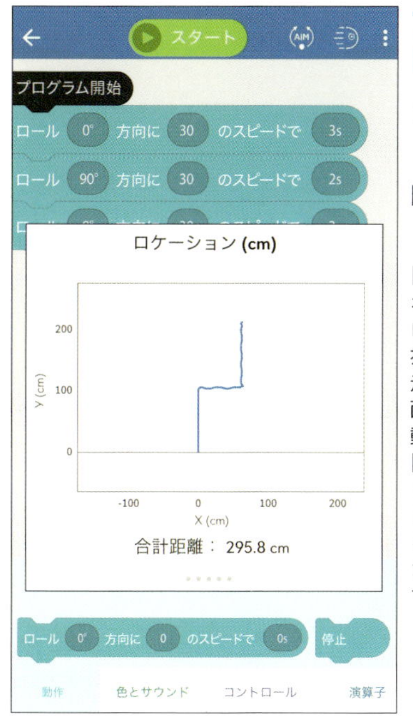

プログラムを実行してロボットを走らせる

プログラムが完成したら、ロボットにコマンド（命令）して、実際の走りを観察しましょう。

「スタート」ボタンにタッチして、ロボットを走らせてみましょう。このプログラムは、「真っすぐ前に走る→右折して横へ走る→また、真っすぐ前に走る」という動きでした。アプリの画面「ロケーション」のグラフのように動けば成功です。動かなかったら、「ロール」ブロックの「方向」や「スピード」「継続時間」を変更してみてください。また、「スタート」前には、「AIM」を使った方向調整も忘れないようにしましょう。プログラムは、アプリに保管しておけば何度も繰り返して使えます。

COLUMN

世界中のユーザーが投稿したプログラムで、ロボットを動かしてみよう！

「Sphero Edu」アプリには、Sphero社のスタッフをはじめ、世界中のSphero Eduでプログラミングをしているユーザーが、「コミュニティ」でプログラムを共有する機能が用意されています。プログラムの画面の上部から「Sphero」や「コミュニティ」を選ぶと、さまざまな完成プログラムが見られます。ここには、「ブロック」や「ドロー」「テキスト」のプログラミング情報が満載です。また、毎日どんどん新しいプログラムが投稿されています。気に入ったプログラムを見つけたら「Myプログラム」にコピーして、ロボットを動かしてみましょう。自分のアカウントを登録すれば、自作のプログラムを「コミュニティ」に投稿できます。なお、「Sphero Edu」アプリで「コミュニティ」を見るにはインターネット環境が必要です。

プリセットプログラムで ロボットを動かしてみよう！ ①四角

「Sphero Edu」アプリから、Sphero 社のスタッフやユーザーコミュニティが作成したさまざまなプログラムを試したり、自分用に保存したりできます。まず、簡単なプログラムを使ってロボットを動かして観察しよう。ここでは、Sphero Edu 研究会が、公開しているプログラムでロボットに四角形を描かせます。

ブロックコードは、〈https://edu.sphero.com/remixes/2359568〉

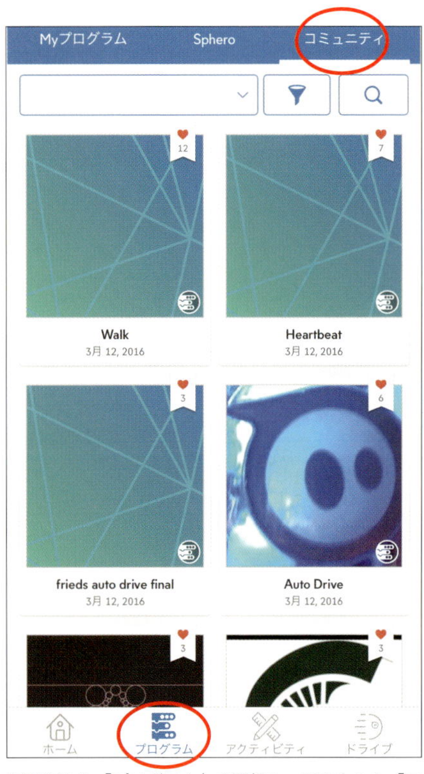

画面下から「プログラム」を選択し、画面上から「コミュニティ」を選ぶと、ユーザーが投稿したプログラムの一覧が表示されます。

検索ボタンを押して、「四角のプリセット」を入力して、同名のプログラムを見つけてください。

「四角のプリセット」プログラムの最初の画面です。右下にあるブロックの形をしたアイコンは、これがブロックを使ったプログラムであることを意味します。「Sphero Edu」アプリを立ち上げた状態で、上にあるQRコードを使えば、簡単に「プログラム」の最初の画面を呼び出せます。

このイラストにタッチすると、概容説明が表示されます。一番下の「プログラムを表示」にタッチします。

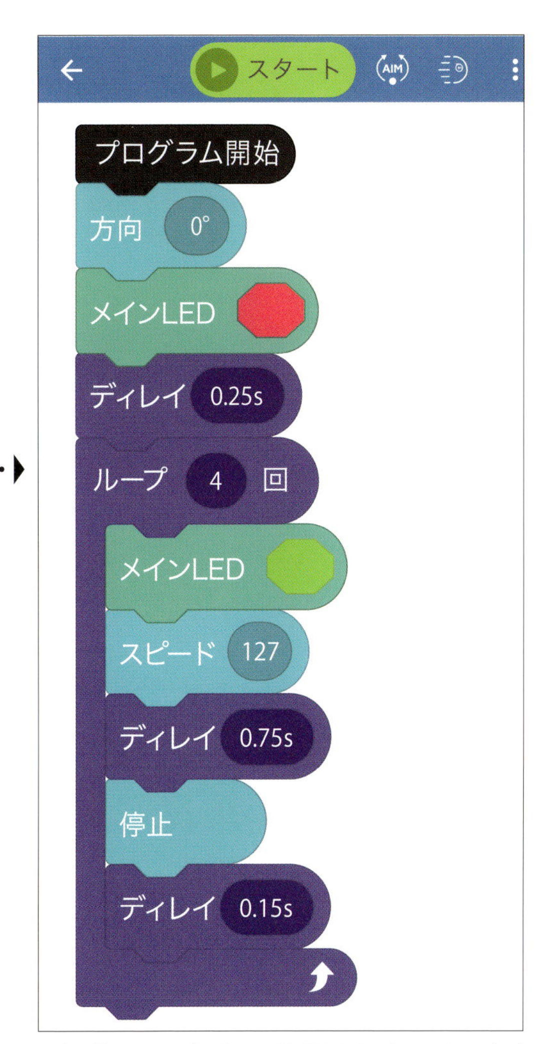

四角を描くためのプログラムが表示されました。いろいろなブロックが並んで、プログラミングがされています。「AIM」でロボットの方向調整をしてから、上部の「スタート」ボタンにタッチしてプログラムを実行します。ロボットが動き出すと画面一番上に赤い「停止」ボタンが出てきます。「停止」をタッチすると動きが止まります。再スタートして、何度でも試せるので観察してみましょう。

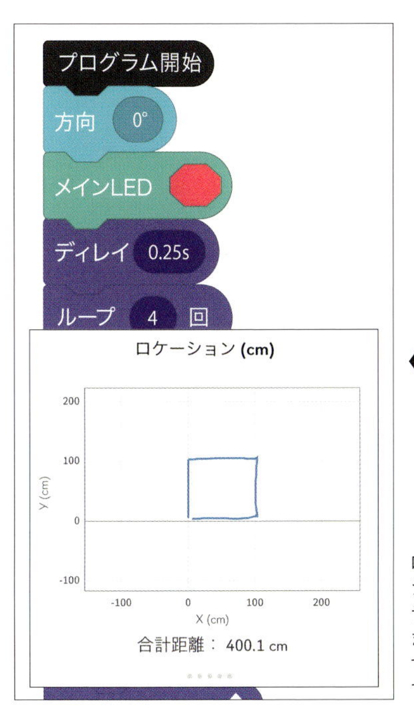

ロボットが、走行中にスマホ画面に表示するロケーション（位置）グラフを見てみましょう。このプログラムは、正方形を描くようにプログラミングされています。実際に動かしたときは、床の状態により違います。たとえば、じゅうたんの上などは抵抗力があるので、正方形にならない場合もあります。

プリセットプログラムで ロボットを動かしてみよう！ ②8の字

曲線もブロックでプログラミングできます。プリセットプログラム①と同じようにお手本のプログラムを試してみよう。8 の字は書けますか？

ブロックコードは、〈https://edu.sphero.com/remixes/2359565〉

前ページの「四角」と同じようにして、「8 の字のプリセット」をプログラム一覧から見つけてください。

イラストにタッチして概要説明の画面に移動し、「プログラムを表示」をタッチします。

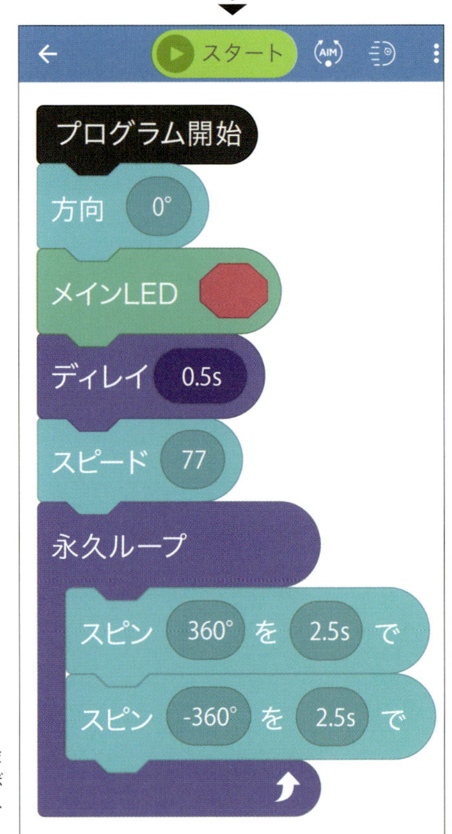

プログラムが表示されました。上部のスタートボタンを押して、ロボットで 8 の字を書きます。

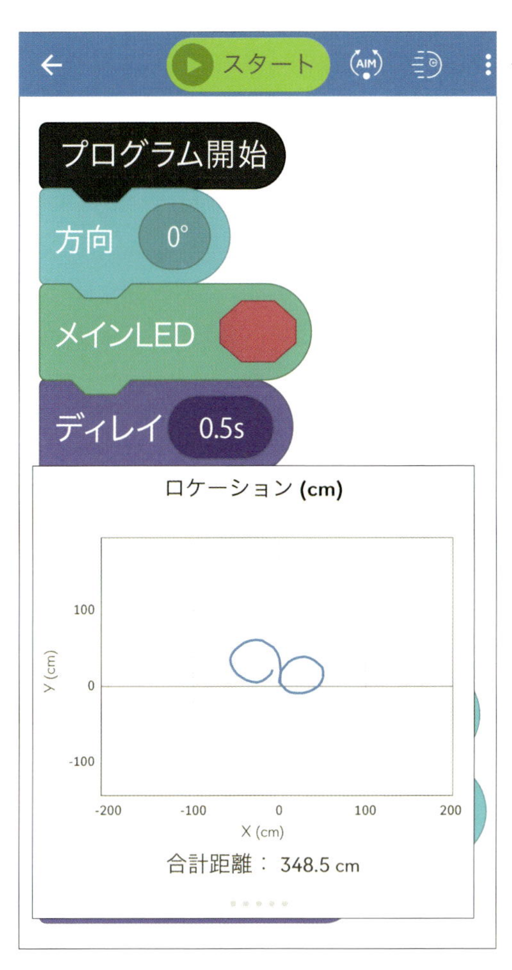

ロボットの動きは8の字になりましたか？停止ボタンを押すとプログラムが終了します。うまく動かない場合は、「AIM」をタッチしてから、ロボットの青い光を自分のほうに向けるように動かして方向を再調整しましょう。

概要説明の上部右端のボタンにタッチすると、「プログラムをコピー」という選択肢が表示されるので、それを選びます。

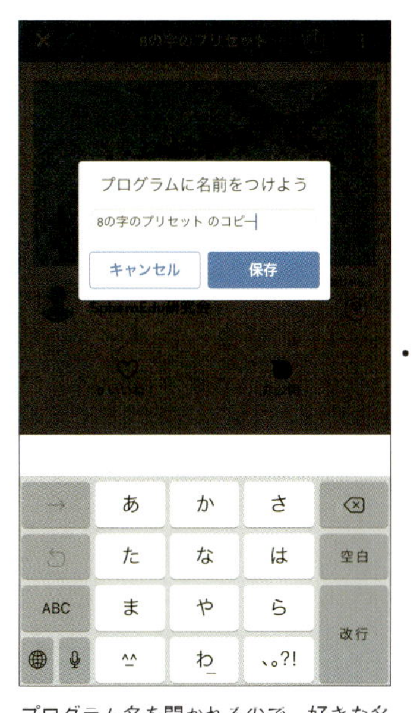

プログラム名を聞かれるので、好きな名前を入力して、「保存」ボタンをタップします。

「マイプログラムにコピーしました」と表示されれば、コピーは成功です。

「My プログラム」の画面を表示すると、保存したプリセットプログラムが呼び出せます。

Just do it! やってみよう
1
宇宙ミュージアムTeNQへ行って、Spheroと遊ぼう！

TeNQ内のイマジネーションエリア。「アストロボール Go! Go! Sphero」のコーナーは、左奥にあります。

「アストロボール」のゲームはすごく楽しい！

東京ドームシティ（東京・文京区）の黄色いビル6Fの宇宙ミュージアムTeNQ（テンキュー）では、Sphero社のロボットボールを使った、オリジナルゲーム「アストロボール Go! Go! Sphero（ゴー！ ゴー！ スフィロ）」を体験できます。タブレットでロボットを操作して、時間内にロケットの発射台へのゴールを目指すゲームです。初めての人でもロボットをコントロールできて、楽しめます。さあ、遊びに行こう！

宇宙ミュージアムTeNQの
ウェブサイトはこちら
https://www.tokyo-dome.co.jp/tenq/

ロボットボールを使ったオリジナルゲーム「アストロボール Go! Go! Sphero」。入館（有料）したら、ゲームは無料で何度でも遊べます！

ブロックの役割

ここからは、ブロックプログラミングで使うブロックの役割を、カテゴリーごとに説明していきます。ここでブロックの役割についてざっと見ておけば、ロボットを動かす際のミッションの意味を、より深く理解できるはずです。
ただし、今ここで、すべてを理解したり記憶したりする必要はありません。プログラミングを学ぶもっともよい方法は、実際に「SPRK+」などのロボットを動かして試行錯誤することだからです。
Sphero Eduでは、すべてのブロックの役割を知らなくても、プログラミングをすぐに楽しめるように設計されています。ですから、すぐにロボットを動かしてみたいという人は、ブロックの役割の説明ページを飛ばして、「ミッション」（ロボットのプログラミング）にチャレンジしてみましょう。
なお、巻末付録に、Sphero Eduのすべてのブロックの一覧を収録しています。プログラムを発展させたり、ゼロから作ったりするときの参考にしてください。

ブロックカテゴリー「動作」

「動作」ブロックは、ロボットを走らせたり、止まらせたり、方向を変えたりするために使います。カラーは水色です。

ブロック名「ロール」

ロール 0° 方向に 0 のスピードで 0s

「ロール」を設定するブロックです。ここでの「ロール」とは、転がりながら「走る」という意味です。設定できる3つの数字は、左から「方向」「スピード」「継続時間」です。個々の数字をタップすると、それぞれの入力画面が出てきます。「方向」は、ロボットの正面を0度として右回りに測った角度の設定。「スピード」は、パワー的な意味合いで−255〜255の範囲で設定します。プラスの数字は前進、マイナスの数字は後退を意味します。「継続時間」は、パワーをかける秒数を設定します。

ブロック名「停止」

パワーを0にして、ロボットの動き停止させます。ただし、実際にパワーを0にしても、慣性が働き、ロボットの動きはすぐには止まらない場合があります。

ブロック名「スピード」

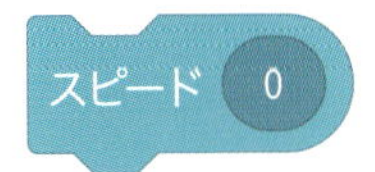

ロボットの「スピード」（−255〜255の範囲のパワー）のみを設定して、速さを変えます。

ブロック名「方向」

ロボットの「方向」(ロボットの正面を0度として右回りに測った角度）のみを設定します。青色のテールライトが自分に向いている状態で、ロボットの向こう側が正面となり、0度が前進、90度が右に進む、180度が後退、270度が左に進むとなります。事前に「AIM」(ロボットの方向設定）をきちんと行っておくことが必要です。

ブロック名「スピン」

設定した「方向」(角度）と「継続時間」の間、ロボットをスピンさせます。2つの数字は、左が「方向」(ロボットの正面を0度として右回りに測った角度）で、右が「継続時間」(パワーをかける秒数）です。このブロックを単独で使うと、その場でスピンしますが、「スピード」ブロックを組み合わせると、転がりながらスピンがかかって、少しずつ方向が変わっていくので、円弧を描いて走らせることが可能です。

ブロック名「モーター」

ロボットには、モーターが左右に1つずつ計2個入っています。「ロール」や「スピン」では、自動的に左右のモーターのパワーバランスをとって転がったり、スピンしたりします。「モーター」を使うと、マニュアルで左右別々にモーターのパワー（－255～255）を操作できます。また、通常はロボットの動きを安定させる「スタビライズ機能」がオンになっていますが、「モーター」を使うときにはオフになるため、不安定な動きをします。これを利用して、ロボットが暴れるようにジャンプしたり、震えさせたりする効果を出せます。

ブロック名「スタビライゼーション」

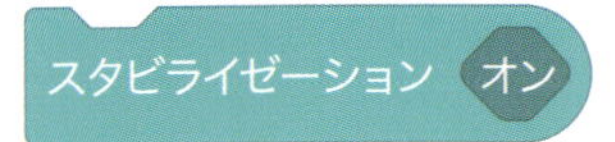

ロボットが安定して転がるためのブロックです。安定させて転がるには、内部の駆動メカニズムが直立状態にあることが必要です。そこで、ロボットにはセンサーとして、回転スピードを感知するジャイロスコープと移動距離を測るエンコーダがついています。また、そのセンサーで得られたデータを利用して駆動メカニズムを直立状態に保つIMU（慣性計測装置）が内蔵されています。このIMUのオン／オフを行うためのブロックが「スタビライゼーション」で、通常は「オン」の設定部分をタップするたびにオン／オフが切り替わります。

ブロック名「AIMをリセット」

AIMをリセット

このブロックが実行されたときにロボットが向いている方向を、改めて正面（0度の方向）として設定できます。プログラムのキャンバス画面の右上やドライブ画面にある「AIM」ボタンを使って、ロボットの方向を調整した場合と同じ状態になります。

ブロック
カテゴリー

「色とサウンド」

ロボットに内蔵されたLEDの光り方や色、さまざまな音を自在に操れるブロックです。ロボットの動きをより生き生きとしたものにしたいときなどに使ってみましょう。音はロボットではなく、スマートフォンなどのデバイスのほうから再生されます。カラーは緑色です。

ブロック名「メインLED」

「メインLED」カラーの設定です。白の八角形をタッチすると、カラーホイールが表示され、その上を指でなぞって好きな色に設定できます。また、光の三原色（赤・緑・青）の数値をタップし、0～255の範囲でテンキーから入力して色を決めることもできます。明るさは、水平な線の上にあるボタンを左右にスライドして変えられます。

ブロック名「フェード」

指定した秒数で、ロボット内蔵のメインLEDの色を少しずつ変更できます。設定は、左の八角形が始まりの色、中央の八角形が終わりの色、右の楕円が秒数です。

ブロック名「ストロボ」

メインLEDをストロボライトのように点滅させます。左の八角形には点滅させる色、中央の楕円には点滅させる秒数、右の丸にはその秒数の間に点滅させたい回数を設定できます。一定の秒数で、回数を多くすれば素早く点滅し、少なければゆっくり点滅します。

ブロック名「テールLED」

「AIM」（方向調整）のときにも使われる青いLEDの明るさを変更します。範囲は0～255です。色は変更できません。

ブロック名「サウンド」

サウンド　ランダム　再生　終了したら次へ
しながら次へ

音を設定するブロック。「アニマル」（動物の鳴き声）、「イフェクト」（ドラマの効果音）、「ゲーム」（ゲーム内の音）、「パーソナリティー」（人が発する音）、「メカニカル」（機械系の音）、「水」（水関連の音）などの音を選べます。「ランダム」で再生もできます。ブロック上の右の六角形を「終了したら次へ」にすると再生が終わってから、次のブロックに進みます。「しながら次へ」にすると再生しながら、次のブロックに進みます。

ブロック名「スピーク」

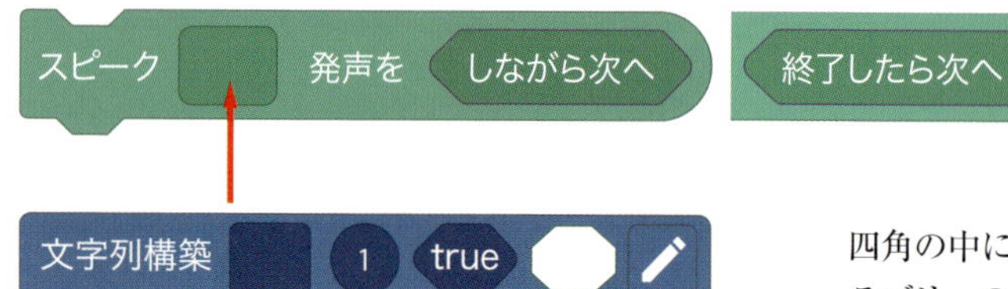

四角の中に入力した文字を読み上げてくれます。「演算子」カテゴリーの「文字列構築」ブロックと組み合わせると、文字以外にも、数字、論理演算結果、色も設定できます。また、その場合、数字の部分は、テンキー入力以外に、変数（P.56参照）やセンサーブロックを置くことも可能です。色の場合には一番近いと思われる色の名に置き換えて読んでくれます。ブロック上の右の六角形を「しながら次へ」にすると再生しながら、次のブロックに進みます。「終了したら次へ」にすると再生が終わってから、次のブロックに進みます。

ブロックカテゴリー	「コントロール」

プログラムの流れをコントロールします。同じ処理を繰り返したり、条件によってロボットに異なる動きをさせたりするときに使います。カラーは紫色です。

ブロック名「ディレイ」

プログラムの中で一時的に休止して、次のブロックに進まないようにするブロックです。丸の部分に流れを止める秒数を設定します。注意が必要なのは、プログラムは先に進まなくても、このブロックより前のブロックで指示された動きが続いていることです。

ブロック名「ループ」

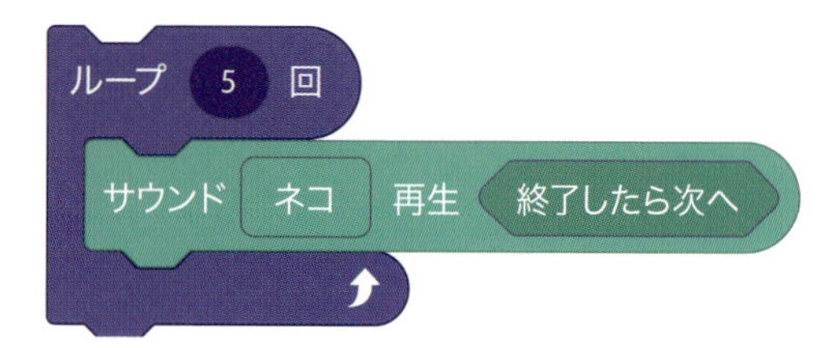

設定した命令を指定回数だけ繰り返します。「コの字」の左右が逆になった形の中に繰り返したいブロックを入れ、丸の部分に繰り返す回数を設定します。繰り返したいブロックは、いくつあってもいいです。左では、「ネコ」の鳴き声が5回繰り返して再生されます（ループの中に、「色とサウンド」のカテゴリーにある「サウンド」のブロックを入れ、「アニマル」→「ネコ」を選択）。

ブロック名「永久ループ」

「ループ」と同じ仲間のブロックで、設定した命令を永久に繰り返します。「コの字」の左右が逆になった形の中に繰り返したいブロックを入れます。左では、ネコの鳴き声が画面の「停止」ボタンを押すまで続きます。「条件分岐１」と「プログラムを停止」のブロックをループ内に入れて、設定した条件が満たされたときにプログラムを止めることも可能です。

ブロック名「条件付きループ」

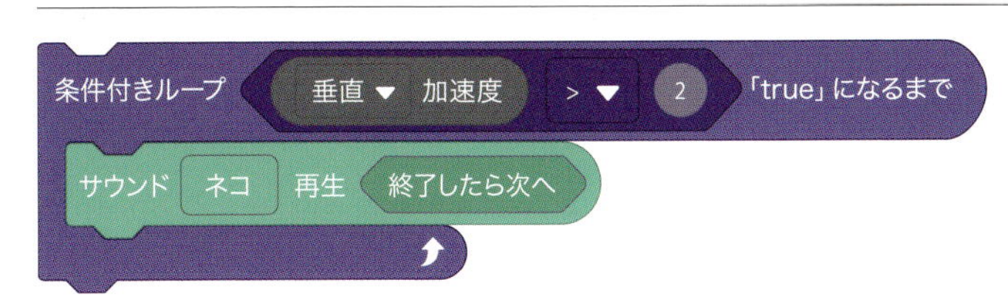

「ループ」と同じ仲間のブロックです。設定した命令を、ある条件が満たされるまで繰り返します。条件は、六角形の部分に、「コンパレータ」のブロックなどを使って設定します。左では、「垂直方向の加速度が２Ｇより大きくなるまで」、つまり「ロボット自体の重さの２倍を超える大きな力で持ち上げられるまで」いう条件です。ロボットを急にパッと持ち上げると、ネコが鳴き止みます。

ブロック名「条件分岐１」

ある条件が満たされたときに、設定した動きを命令します。「if ◯◯ then △△」というのは「もしも◯◯ならば△△する」という意味です。「◯◯」にあたる条件は、「if」の文字の右の六角形のところに、「コンパレータ」ブロックなどを使って設定します。左では、もし「垂直方向の加速度が２Ｇより大きく」なったら、ネコの鳴き声を再生します。

ブロック名「条件分岐２」

条件が満たされたときだけでなく、満たされなかったときの選択肢が追加されています。「if ◯◯ then △△ else □□」というのは「もしも◯◯ならば△△し、そうでなければ□□する」という意味です。「◯◯」にあたる条件は、「条件分岐１」と同じです。左では、もし「垂直方向の加速度が２Ｇより大きく」なっていたら、ネコの鳴き声を再生し、そうでなければイヌの鳴き声を再生します。

ブロック名「プログラムを終了」

プログラムを終了

プログラムを終了するブロックです。「停止」ボタンにタッチしなくても、プログラムを自動的に止めることができます。

ブロック
カテゴリー

「演算子」

数値の計算や文字列の足し算（単語をつなげるなど）や三原色（赤・緑・青）などの設定ができる、計算のためのブロックです。数値、文字、色などを設定するためのブロックに組み込んで利用します。カラーは灰青色です。以下では、わかりやすい例として、「ロール」ブロックと組み合わせていますが、実際にロボットを動かすには、それだけでは足りない場合もあります。

「演算子」ブロックの中の基本的な演算ブロックの計算の種類は、右のようなポップアップメニューから選択します。

0 + 0

✓ +
-
*
/
^
%

ブロック名 「加算」

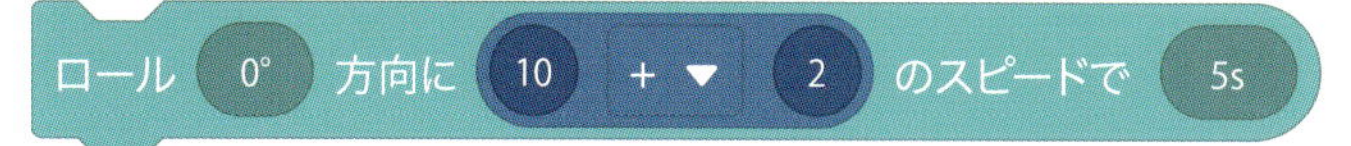

足し算で、2つの数値を足します。

ブロック名 「減算」

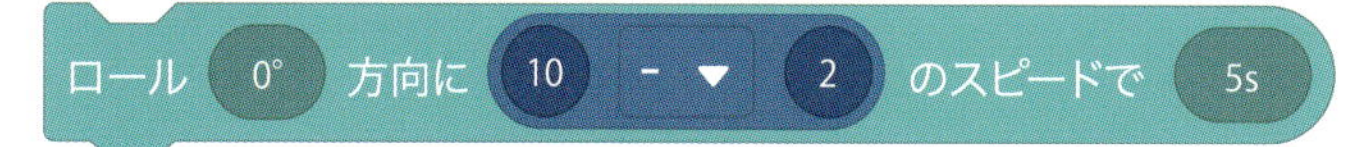

引き算で、左の数値から右の数値を引きます。

ブロック名 「乗算」

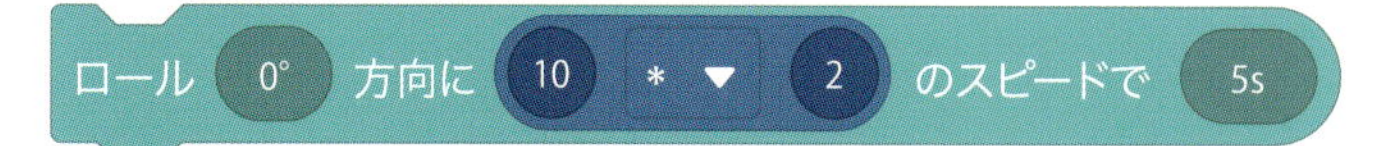

掛け算で、2つの数値を掛け合わせます。

ブロック名 「除算」

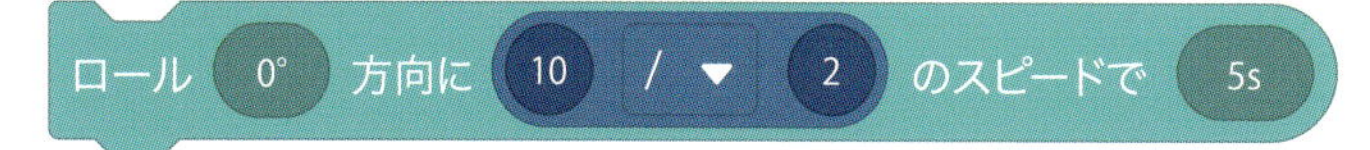

割り算で、左の数値を右の数値で割ります。

ブロック名 「指数」

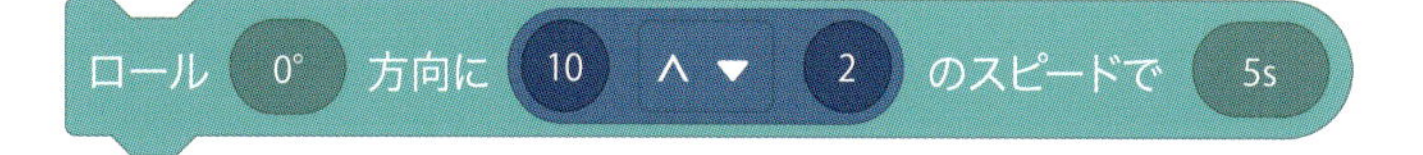

左の数値と右の数値の回数を掛け合わせます。左の例では、10を2回掛け合わせて、10 × 10 = 100になります。

ブロック名 「モジュロ」

左の数値を右の数値で割ったときの余りを計算します。左では、ロボットのスピード設定の数値が、５を２で割った余りの数値、つまり「１」になります。

「演算子」ブロックの中で「平方根」や「四捨五入」などのブロックの種類は、右のようなポップアップメニューから選択します。

ブロック名 「平方根」

数値の平方根を計算します。上では、ロボットのスピード設定の数値が、２の平方根である「1.4142…」になります。

ブロック名 「四捨五入」

数値を一番近い整数に四捨五入します。左では、ロボットのスピード設定の数値が、２の平方根（1.4142…）を四捨五入した値、つまり「１」になります。

ブロック名 「下限値」

数値を一番近い整数に切り下げます。左では、ロボットのスピード設定の数値が、２の平方根（1.4142…）を切り下げた値、つまり「１」になります。

ブロック名 「上限値」

数値を一番近い整数に切り上げます。左では、ロボットのスピード設定の数値が、２の平方根（1.4142…）を切り上げた値、つまり「２」になります。

ブロック名 「絶対値」

マイナス符号を取り除いた数値の大きさに変換します。左では、ロボットのスピード設定の数値が、－２の絶対値、つまり「２」になります。

ブロック名「符号」

数値の符号を、－1、0、1の数値として計算します。つまり、マイナスの数字はすべて「－1」、0はそのまま「0」、プラスの数字はすべて「1」となります。左では、ロボットのスピード設定の数値が、符号2なので「1」になります。

ブロック名「文字列構築」

いくつかの文字列などをつなげて、たとえば、「文字の変数」の値として設定できます。鉛筆の形をしたボタンをタップすると、文字列、数字、論理演算結果、色の中から項目を追加できます。上では、「ハロー」と「1」と「白い色」をつなげて1つの文字列を作り、それをstr0という「文字の変数」に設定してみました。この「文字の変数」を、たとえば、「色とサウンド」カテゴリーの「スピーク」ブロックで読み上げさせると、「ハロー、イチ、ホワイト」のようにすべて声に出して読んでくれます。

ブロック名「ランダム整数」

1つの丸に最小値、もう1つの丸に最大値を設定すると、その間の整数を選び、プログラムを動かすたびに毎回異なった数値に変換します。2つの丸に設定する数字は、どちらが大きくても構いません。上では、ロボットのスピード設定の数値が、2から10の間の整数になります。

ブロック名「ランダム浮動小数点数」

1つの丸に最小値、もう1つの丸に最大値を設定すると、その間の浮動小数点数を選ぶ計算をしてプログラムを動かすたびに毎回異なった数値を出力します。浮動小数点数には、整数と整数の間の細かい数字も含まれています。上では、ロボットのスピード設定の数値が、2から10までの範囲に収まる小数点付きの値になります。

「演算子」ブロックの中で
「最小値」と「最大値」のブロックの種類は、
右のようなポップアップメニューから選択します。

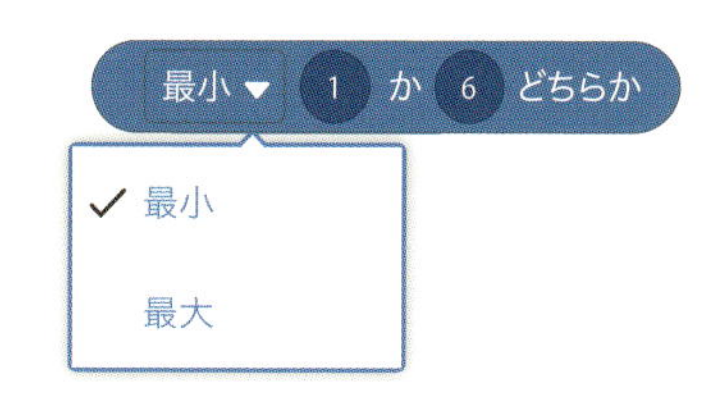

ブロック名「最小値」

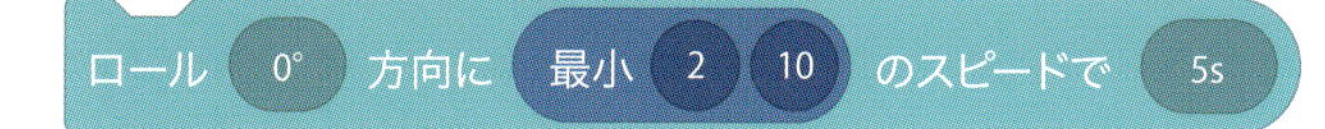

左と右の数値の小さいほうの値を選びます。2つの丸に設定する数字が入れ替わっても結果は同じです。左では、ロボットのスピード設定の数値が、2と10の小さいほう、つまり「2」になります。

ブロック名「最大値」

左と右の数値の大きいほうの値を選びます。2つの丸に設定する数字が入れ替わっても結果は同じです。左では、ロボットのスピード設定の数値が、2と10の大きいほう、つまり「10」になります。

ブロック名「色チャンネル」

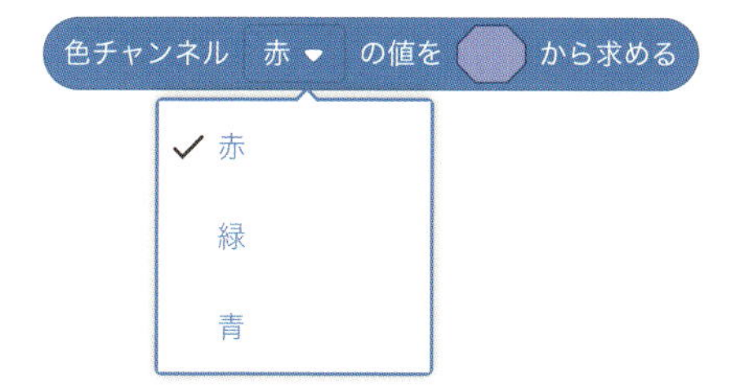

指定された色を光の三原色である赤=R、緑=G、青=Bの数値で表したときに、それぞれが赤チャンネル、緑チャンネル、青チャンネルと呼ばれます。その中の1つを選んで値を取り出したり、設定したりできるブロックです。色あいや明るさに応じてロボットのスピードを変えることも可能です。

ブロック名「カラーミキサー」

色チャンネル（R=赤、G=緑、B=青）のうち、どれか1つの値を変更して、新しい色に変換します。

ブロック名「ランダムカラー」

ランダムに色を変換します。色の設定がある「メインLED」や「フェード」「ストロボ」などのブロックと組み合わせて利用します。

ブロック名「三角関数」

「三角関数」の種類を、ポップアップメニューから選択します。sin、cos、tanは、入力した角度に対する三角関数の値に変換します。また、asin、acos、atanの逆三角関数は、入力した数値に対する逆三角関数の角度に変換します。

ブロック
カテゴリー

「コンパレータ」

2つの値を比較するブロックです。左辺と右辺の値や真偽を比較して、「true」(真)か「false」(偽)を判断します。「条件付きループ」や「条件分岐1」「条件分岐2」のブロックなどと組み合わせて使います。カラーは、濃い紫色とラベンダー色です。

「演算子」ブロックの中で、数値の比較などを行い、
「true」(真)か「false」(偽)を出力するブロックの種類は、
右のようなポップアップメニューから選択します。

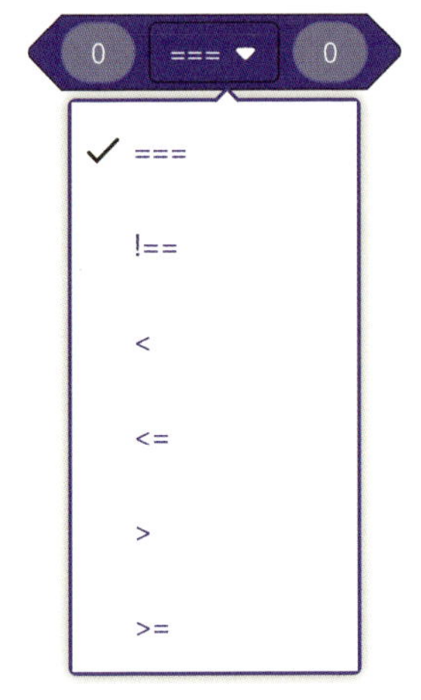

ブロック名「イコール」

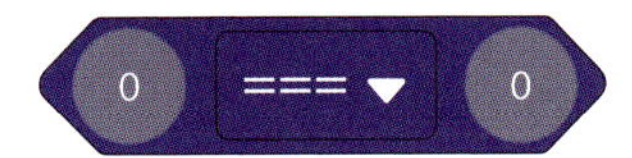

左辺と右辺の数値が等しい場合に、「true」を出力します。

ブロック名「ノットイコール」

左辺と右辺の数値が等しくない場合に、「true」を出力します。

ブロック名「小なり」

左辺の数値が右辺の数値よりも小さい場合に、「true」を出力します。

ブロック名「小なりイコール」

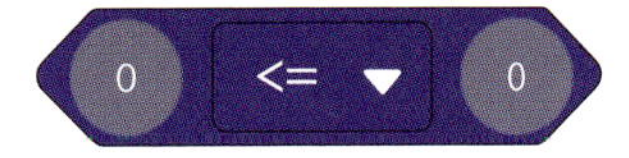

左辺の数値が右辺の数値以下の場合に、「true」を出力します。

ブロック名「大なり」

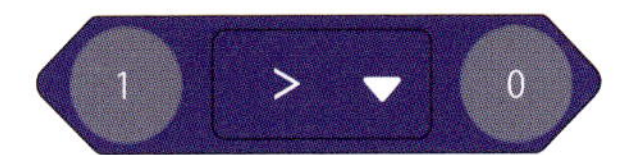

左辺の数値が右辺の数値よりも大きい場合に、「true」を出力します。

ブロック名「大なりイコール」

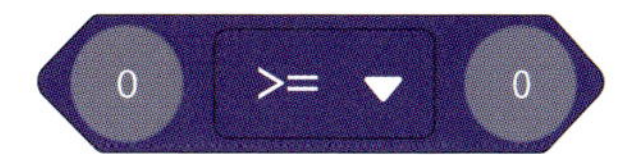

左辺の数値が右辺の数値以上の場合に、「true」を出力します。

「演算子」ブロックの中で、論理演算を行い、
「true」（真）か「false」（偽）を出力するブロックの種類は、
右のようなポップアップメニューから選択します。

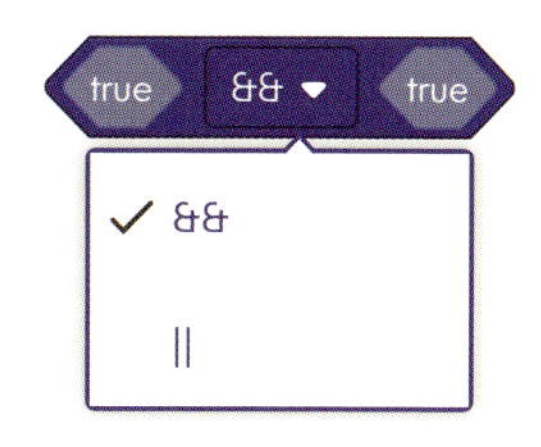

ブロック名「論理積演算（AND）」

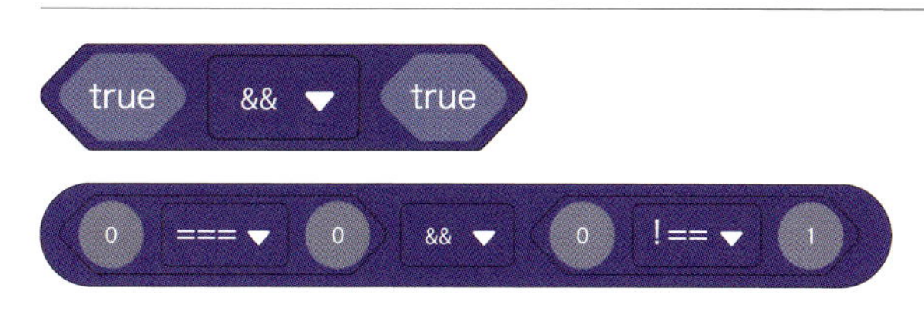

左右の真偽判定が両方とも「true」であるときに限って、「true」を出力します。たとえば、左側が「0イコール0」の真偽判定で、右側が「0ノットイコール1」の真偽判定だった場合、どちらも「true」です。したがって、論理積演算の結果も「true」となります。

ブロック名「論理和演算（OR）」

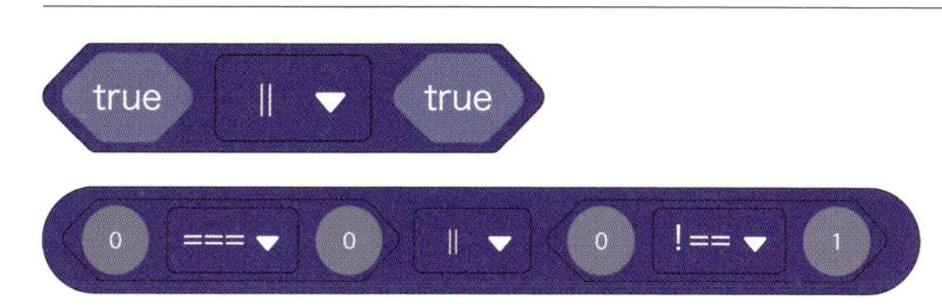

左右の真偽判定の少なくともどちらか片方が「true」ならば、「true」を出力します。たとえば、左側が「0イコール0」の真偽判定で、右側が「0ノットイコール1」の真偽判定だった場合、左は「true」で、右は「false」となります。しかし、どちらかが「true」であれば「true」という条件を満たしているので、結果は「true」と判断されます。

ブロック名「ロボットタイプ」

ロボットは Sphero です

設定されているロボットの種類と、Sphero Eduに接続されているロボットの種類が一致している場合に「true」を出力します。たとえば、「SPRK+」（選択肢では「Sphero」に当たります）と「Sphero Mini」（選択肢では「Mini」）は、「ロール」ブロックで同じスピード設定をしても、実際の移動速度や距離が違います。

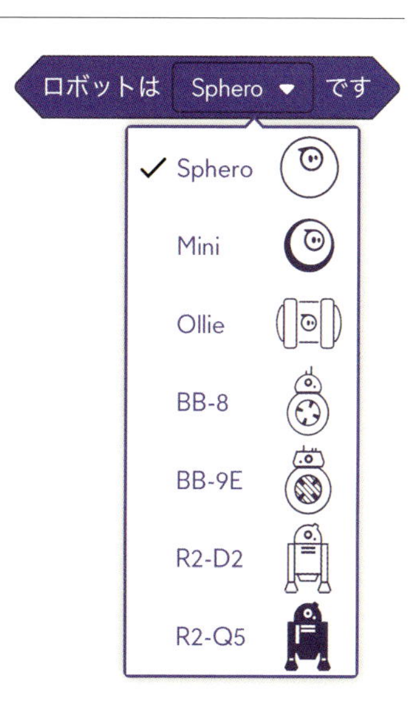

ブロック
カテゴリー
「センサー」

ロボットの内蔵センサーデータをもとに、意味のある情報に置き換えた数値を見せてくれるブロック。このブロックで、ロボットの速度や姿勢（傾き）を知り、それに応じて色を変えたり、音を出したりする、いろいろな応用が考えられます。カラーは灰色です。3D（三次元）を表す「xyz 軸」と、3 方向の回転方向を示す「ロール、ヨー、ピッチ」という 2 つの考え方を理解しましょう。

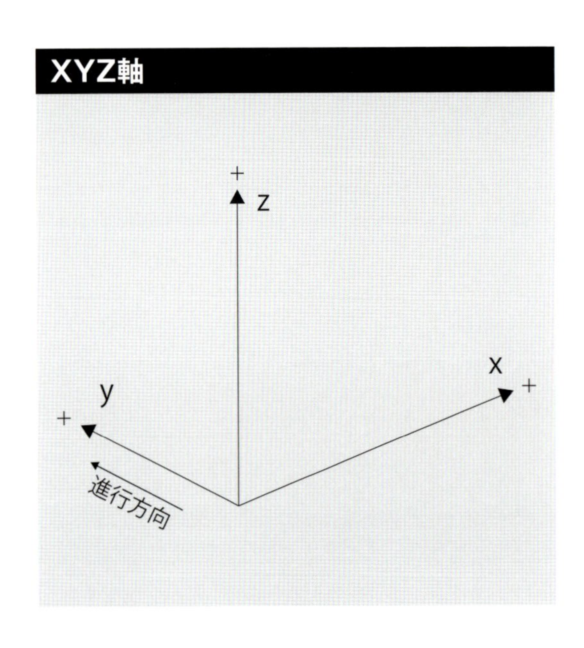

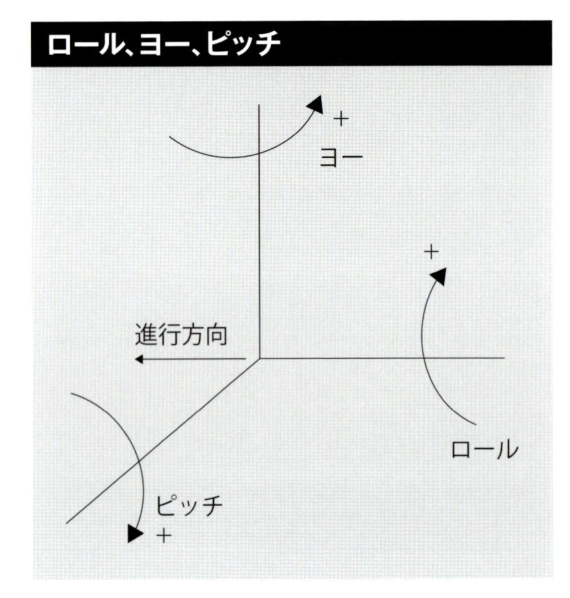

ブロック名「加速度」

ロボットの加速度を、x 軸方向、y 軸方向、z 軸方向、x＋y＋z の「合計」、垂直方向の値を変換します。z 軸方向と垂直方向の違いは、z 軸方向はロボットの姿勢（傾き）に応じて変化しますが、垂直方向は変化しないという点です。単位は G（重力）です。計測範囲は、「合計」の加速度は 0 ～ 14G で、x 軸、y 軸、z 軸は－8G ～ 8G の範囲です。

ブロック名「オリエンテーション」

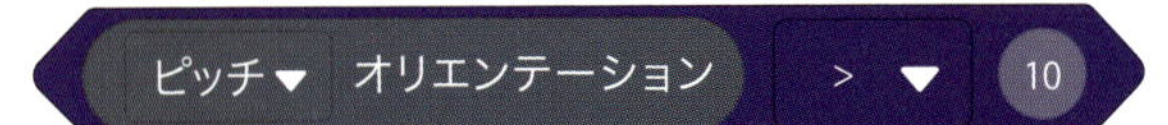

ロボットの傾きを、ピッチ、ロール、ヨーの値として変換します。ロボットの中心から前後、左右、上下方向に軸が伸びていると考えた場合、ピッチは左右の軸に対する前後方向の傾き、ロール（回転ともいいます）は前後の軸に対する左右方向の傾き、ヨーは上下方向の軸に対する水平面に沿った傾きを意味しています。なお、ピッチとヨーの範囲は－180 ～ 180 度、ロールの範囲は－90 ～ 90 度となっています。

ブロック名「ジャイロスコープ」

ピッチ ジャイロスコープ > 10

ロボットの傾きの角速度を、「オリエンテーション」ブロックと同様に、ピッチ、ロール、ヨーの値として変換します。値の範囲は、ピッチ、ロール、ヨーのすべてで、－2000 ～ 2000 度／秒です。

ブロック名「速度」

ロボットの速度を、x 軸方向、y 軸方向、x＋y の「合計」の値として変換します。単位はセンチメートル／秒です。本来の速度は、各軸のマイナス方向に動けばマイナスとなりますが、合計の「速度」のみ絶対値を使うので、常にプラスの値です。

ブロック名「ロケーション」

プログラム開始からロボットが水平方向（x 軸方向、y 軸方向、または合計を指定）に移動した距離をセンチメートルで変換します。たとえば、ロボットがあちこちに動き回っても、最後にスタート地点に戻ってくれば、「ロケーション」ブロックが示す値は、x 軸方向、y 軸方向ともに「0」になります。また、「合計」はスタート地点からの距離の絶対値です。

ブロック名「ディスタンス」

移動距離の合計の値をセンチメートルで変換します。

ブロック名「スピード」

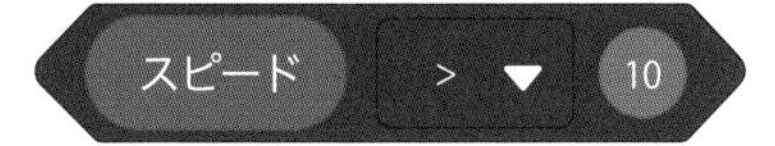

ロボットの進行方向に対するスピード（パワー）を、－255 ～ 255 の範囲で対応します。

ブロック名「進行方向」

「AIM」（方向調整）で青色の LED テールライトを調整したときのロボットの向きを基準にした角度を示します。0 度で前進、90 度で右折、180 度で後退、270 度で左方向です。

ブロック名「メイン LED」

色チャンネル 赤▼ の値を メインLED から求める

「メイン LED」の三原色（R= 赤、G= 緑、B= 青）の値を出力します。「演算子」の「色チャンネル」ブロックなどと組み合わせて使うことができます。

ブロック名「テール LED」

数値設定 num0▼ を テールLED

変数ブロックと組み合わせて、「テール LED」の明るさの値を、読み出すことができます。範囲は 0 ～ 255 です。

ブロック名「経過時間」

プログラム開始から経過した時間を秒単位で示します。

ブロックカテゴリー「イベント」

ロボットに衝撃が加わったり、充電したりする状態（そうした出来事を「イベント」と呼びます）の際に、割り込んで別の動きをさせることができるブロックです。カラーは黒色です。「プログラム開始」と同じく、そこから新しいブロックの並びが作られます。

ブロック名「衝突時」

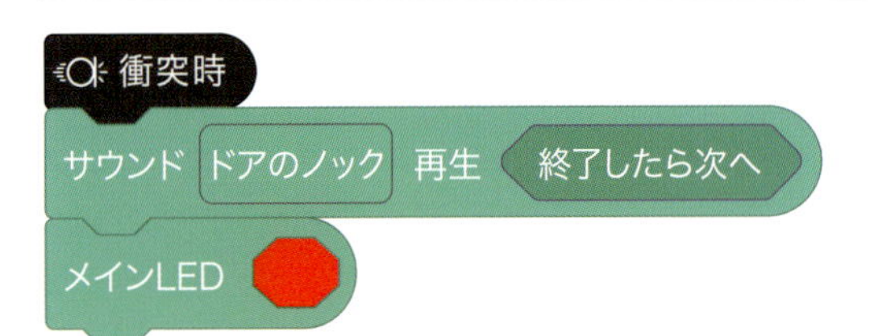

ロボットが壁などの障害物に当たったときに、このブロックにつながっているプログラムが開始されます。たとえば、「サウンド」コマンドと組み合わせて、ロボットが迷路の壁にぶつかるたびに「ドアのノック」の音がしたり、赤く光ったりするプログラムを作ることができます。

ブロック名「着陸時」

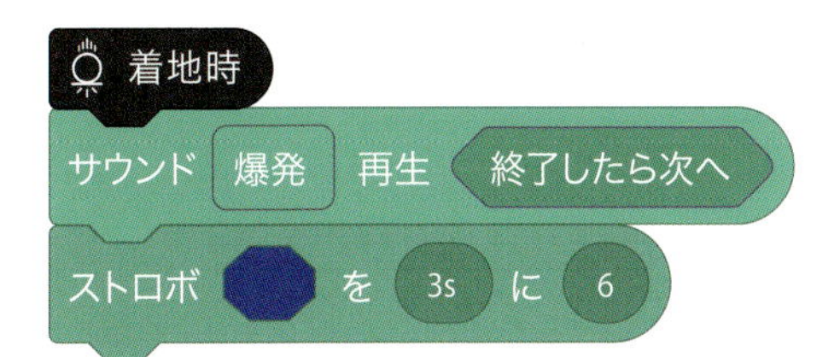

ロボットが段差から落ちたり、投げ飛ばされて床に着地したりするときに、このブロックにつながっているプログラムが開始されます。たとえば、ロボットが床に落ちると「爆発」の音がしたり、青ざめたように光ったり、驚いてランダムな方向に走り去ったり、慌てたように色がランダムに変わったりするプログラムに利用できます。

ブロック名「自由落下時」

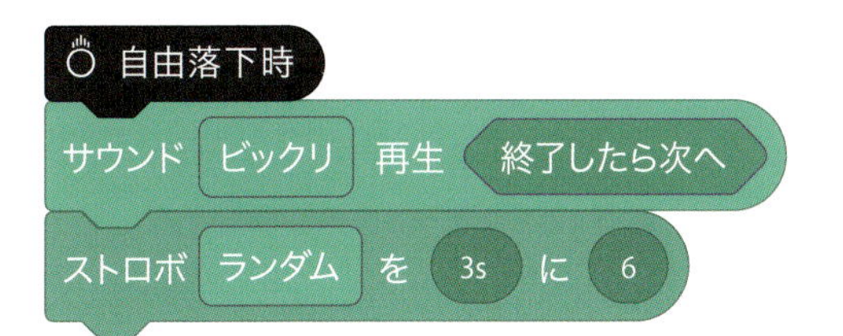

ロボットが自重で落下している（自由落下）状態のときに、このブロックにつながっているプログラムが開始されます。たとえば、ロボットが落下中に、「ビックリ」の音を出したり、慌てたように色がランダムに変化したりするプログラムに利用できます。

ブロック名「ジャイロマックス時」

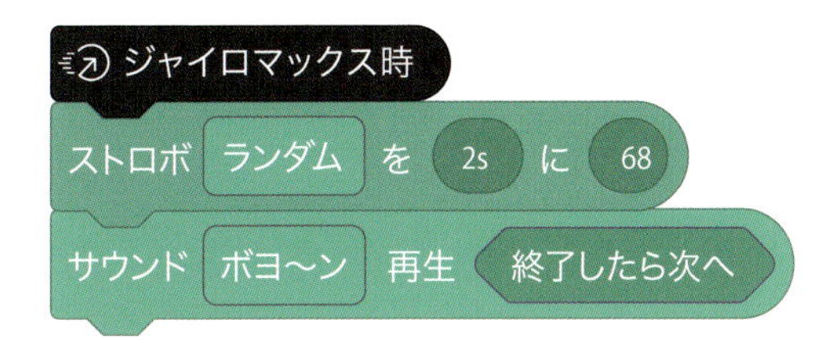

ロボットが超高速スピンの状態にあるときに、このブロックにつながっているプログラムが開始されます。たとえば、ロボットが目を回したかのように素早く点滅したり、「ボヨ〜ン」という音を出したりするプログラムに利用できます。

ブロック名「充電中」

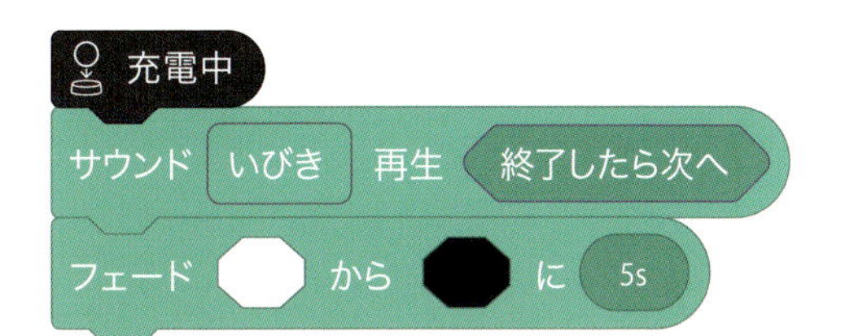

ロボットが充電状態になると、このブロックにつながっているプログラムが開始されます。ロボットの種類により、充電方法は異なります（たとえば、「SPRK+」は専用充電台に置く。「Sphero Mini」は充電ケーブルとつなぐ）。充電状態になると「あくび」をしたり、寝息を立てているようにメインLEDの明るさがゆっくり変化したり、居眠り中にビクッと動いたりするプログラムに利用できます。

ブロック名「充電中以外」

ロボットが充電状態でなくなると、このブロックにつながっているプログラムが開始されます。専用充電台から持ち上げたり、充電ケーブルを抜いたときに、「エンジンスタート」の音がしたり、目を覚ましたように白く光ったり、身震いしたりするプログラムに利用できます。

ブロックカテゴリー

「変数」

「変数」は、文字列、数字、論理値（true ／ false。画面内では「ブール」と呼ばれます）、色の4つの数値を設定できます。それらの値を利用できるブロックすべてで、固定的な値と同じように利用できます。しかし、変数の値は、プログラムが動いている間にも、その名のとおりに自由に変えることができるので、自由度が高くなります。変数の作成方法と値の設定方法は、次のとおりです。

ステップ 1

画面下の「ブロックカテゴリー」から「変数」を選び、「変数を作成」をタップします。

ステップ 2

すると、変数名をつける画面が出ますので、利用するうえでわかりやすい名前をつけます。なお、変数名には、英字、数字と一部の記号類しか使えません。使えない文字を使うと、その旨を知らせてくれるので、入力し直してください。

ステップ 3

ここでは、名前を設定する変数の意味で、変数名を「MyName」としました。名前の場合、変数のタイプは「文字列」を選び、四角の中に初期の値（ここでは、鈴木太郎）を入力します。最後に、上部右のチェックマークをタップして完了します。

ステップ 4

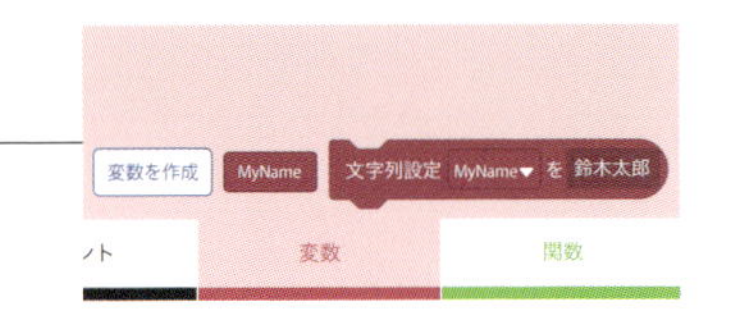

「変数」のところに、作った「MyName」という変数と、その値を決めるためのブロックが現れます。

ステップ 5

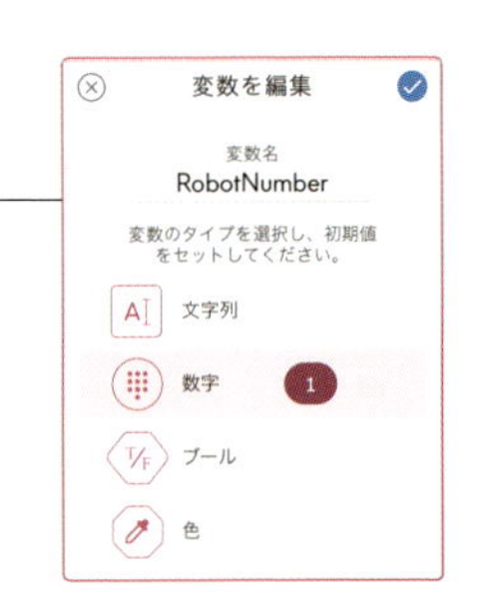

たとえば、ロボットの番号を変数で管理したいときには、変数のタイプに「数字」を選びます。ここでは、変数名は「RobotNumber」としました。

ステップ 6

ブール（論理値）であれば、値は「true」か「false」になります。たとえば、ロボットがロールするかしないかを決める変数として使います。変数名を「Rolling」として作成しました。

作成した変数は、変数カテゴリーのところに追加されます。そのブロックをキャンバスで利用できます。変数のブロックを長押ししてポップアップメニューを出すと「編集」「削除」が可能です。

ブロックカテゴリー

「関数」

「関数」は、プログラムが組み込まれたブロックです。「関数」を使えば、プログラムを1つのブロックでまとめておけるので、全体のプログラミングが簡単になります。たとえば、ミッション 11「アルファベットで名前を書こう」では、アルファベットを書くための関数が用意されています。「関数」の中身を知らなくても、「関数」ブロックの機能だけがわかっていれば簡単に使えるブロックです。「関数」の作成方法や使い方は、次のとおりです。

ステップ 1

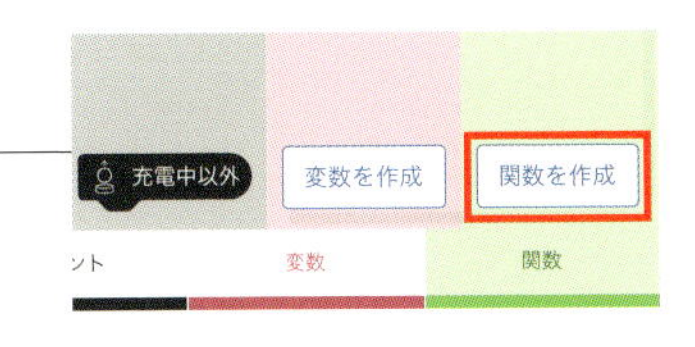

画面下の「ブロックカテゴリー」から「関数」を選び、「関数を作成」をタップします。

ステップ 2

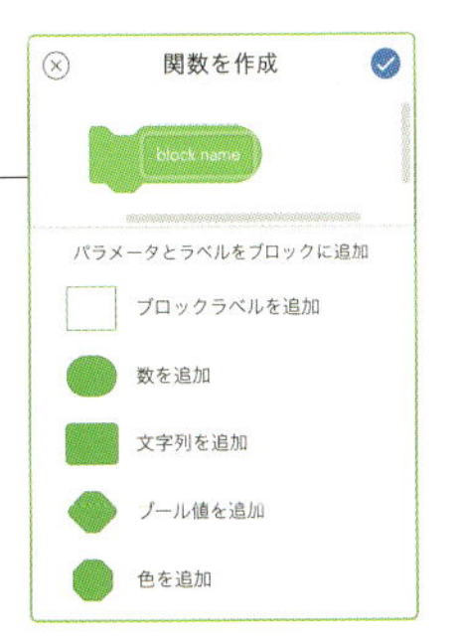

ブロックに情報を入れて、関数を作成します。まず、「ブロックラベルを追加」をクリックして、「関数ブロック」に名前をつけます。そのあと、この「関数ブロック」で使う「変数」（数、文字列、ブール値、色の4つの「パラメータ」）を入力します。

ステップ 3

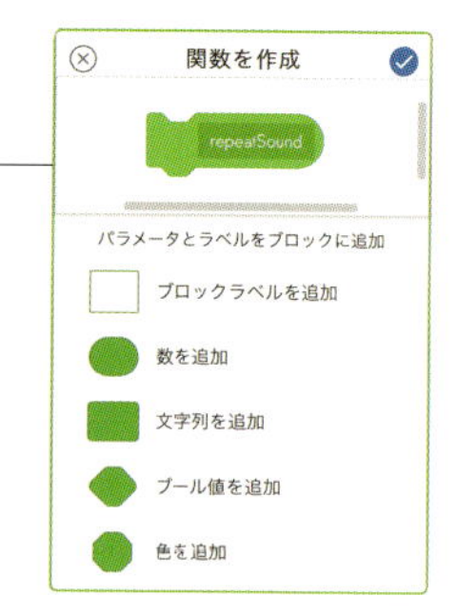

関数名には、英語か数字を使います。ここでは「音を繰り返す」という意味で、「関数名」を「repeatSound」（リピートサウンド）としました。

ステップ 4

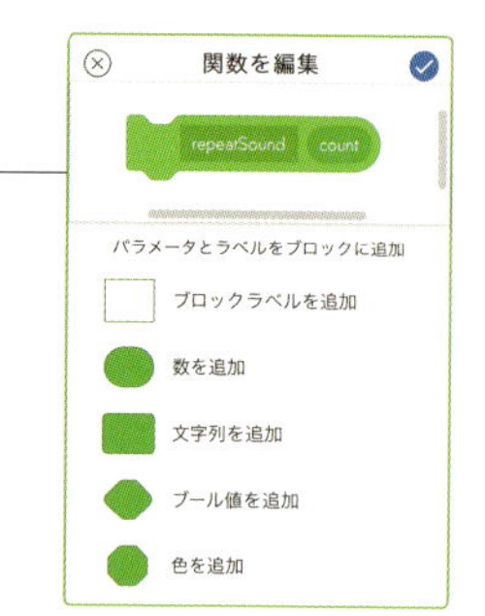

関数内で使われる変数に当たる「パラメータ」を追加する場合には、緑のマークのついた4種類（数字、文字列、ブール値、色）から選んでタップします。ここでは、数字をタップして、数の「パラメータ」を追加しました。そして、「count」（カウント）と名づけました。右上の「チェックマーク」をタップして、次の画面を出します。すると、値は「1」となります。

ステップ 5

これで「repeatSound」（リピートサウンド）関数のできあがりです。

「関数」を長押ししてポップアップメニューを出すと、「編集」「削除」が可能です。

第3章

ブロック・ミッションを始めよう!

Mission

1 ロールとカラー変更の基本

ミッション1では、「ロボットが青く光りながら正面方向に直進して、止まり、戻ってくる」という動きを作り出します。使うブロックは、すべての基本となる「ロール」と「メインLED」です。

ブロックコードは、〈https://edu.sphero.com/remixes/2379777〉

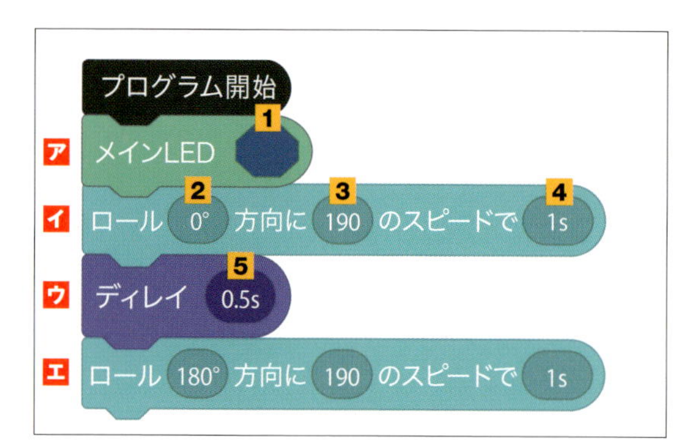

ア「メイン LED」のカラーを好きな色に変更します。

イ「ロール」ブロックを使ってモーターを起動し、1秒間直進させます。

ウ 処理を一時停止して、動きにメリハリを持たせます。詳しくは「ディレイ」ブロックの説明を見てください(P.44 参照)。

エ 再び「ロール」ブロックを用い、今度は1秒間バックします。イとどこが違うかを、見つけてください。

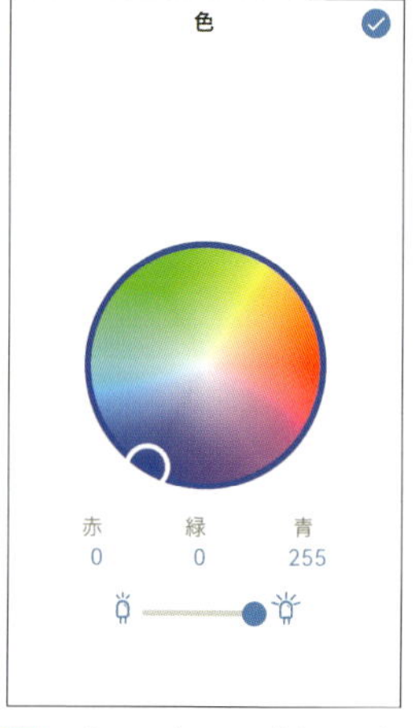

1 のカラーをタップすると表示される「色」の設定では、好きな色や明るさを選べます。

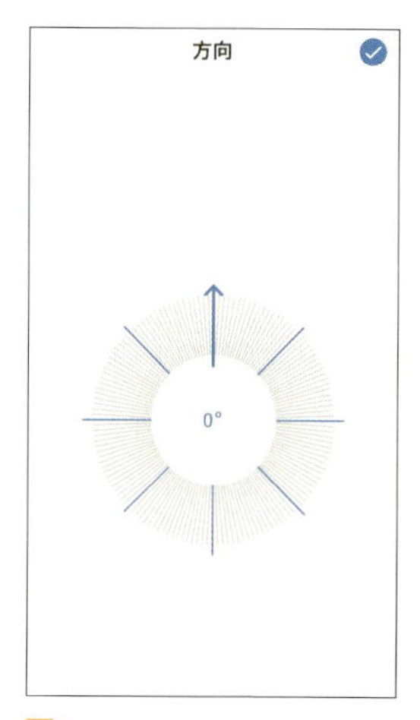

2 の角度をタップすると表示される「方向」の設定では、「0度（＝正面方向）」のままにします。

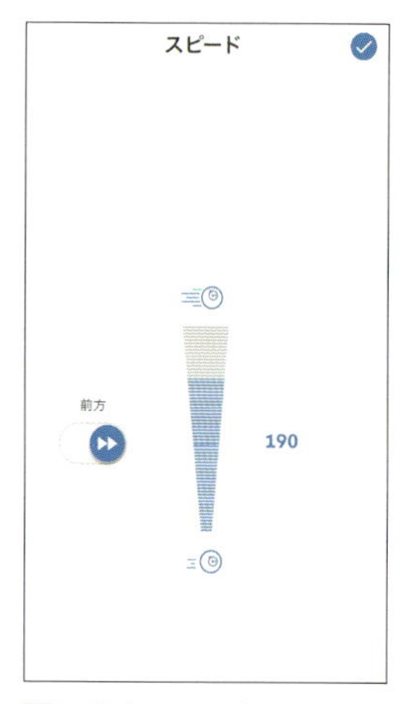

3 の数字をタップすると表示される「スピード」の設定は、ここでは「190」としていますが、走らせる部屋の広さなどに合わせて調整してください。左の「前方」をタップして「後方」に変えて後ろ向きに進むこともできます。

4 の秒数をタップすると表示される「継続時間」の設定は、ここでは「1秒」としていますが、調整可能です。一度に調整するのは「スピード」か「継続時間」のどちらかにして、もう片方の調整は、1つ目の効果を確かめてからにしましょう。

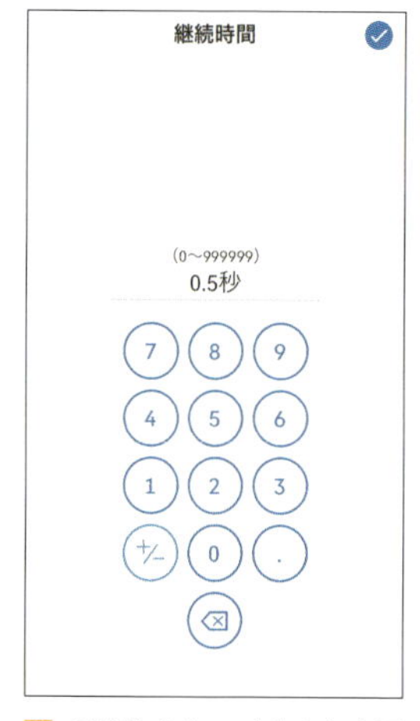

5 の秒数をタップすると表示される「ディレイ」の設定は、ここでは「0.5秒」としています。秒数を短くしたり、長くしたりして、走らせてみましょう（ヒント：短すぎると、正面に直進したときの勢いが残ったまま戻ろうとします）。

Mission 2

四角を描く

ミッション2では､｢ロボットが正方形を描く｣という動きを作り出します。ミッション1で使った｢ロール｣を4回繰り返すことで描けますが、ポイントは走っていく角度です。正方形の1つの角度は何度でしょうか？

ブロックコードは､〈https://edu.sphero.com/remixes/2343195〉

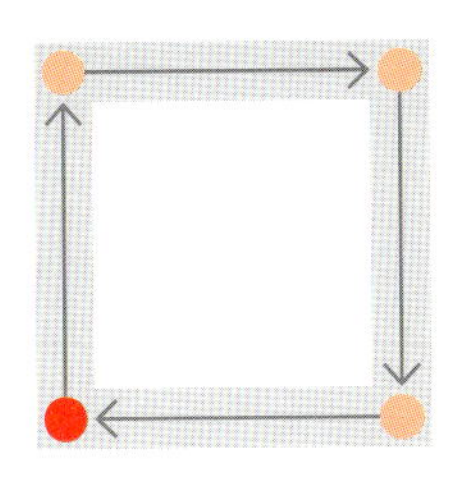

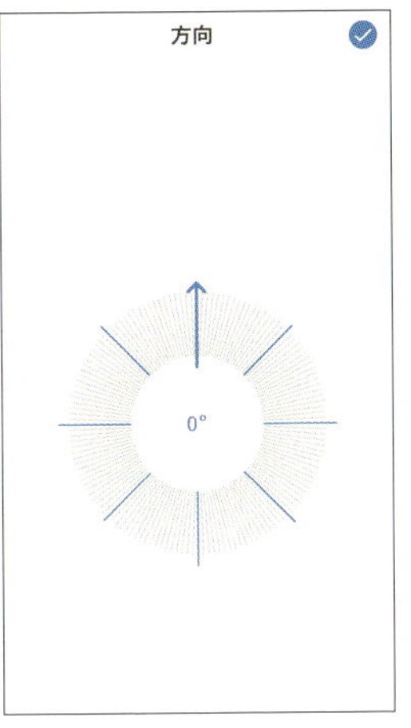

1 正方形を頭の中に思い浮かべてください。ここでは、左下の角から描き始めるので、最初の角度は｢0度(＝正面方向)｣になります。

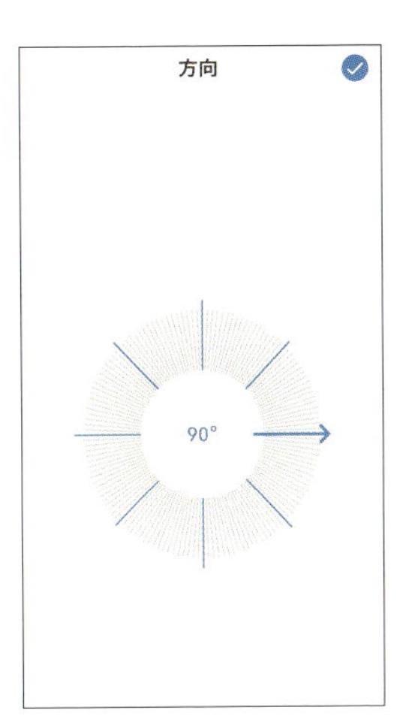

2 左上の角では、右に直角に曲がるので、角度を｢90度｣に設定します。

ア ロボットの回転をコントロールして、1秒間直進させます。パワーは、場所の広さに応じて調整しましょう。

イ 一時停止して、動きにメリハリを持たせます。

ウ アとイの角度を変えながら、あと3回繰り返します。最後だけ｢ディレイ｣は必要ありません。出発地点まで戻って終わりです(ただし、床の素材によっては、途中で滑ったり、抵抗が大きくて思ったように動けない場合もあります。うまく正方形を描くことができないときは、場所を変えて試してみましょう)。

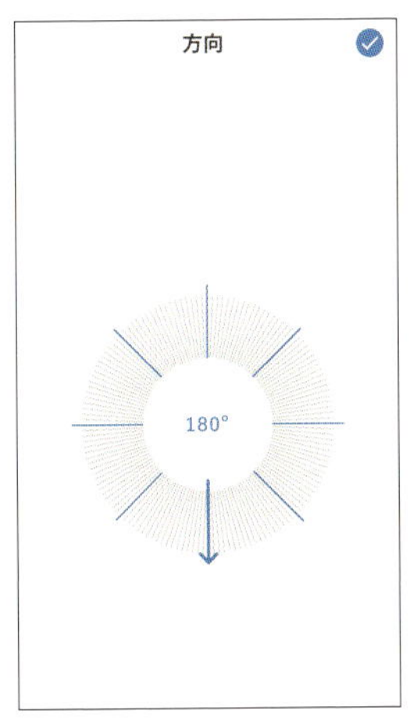

3 右上の角では､手前方向に直角に曲がります。これは、ロボットから見ると､さらに90度右に曲がることになるため、角度は｢180度(＝90度＋90度)｣になります。

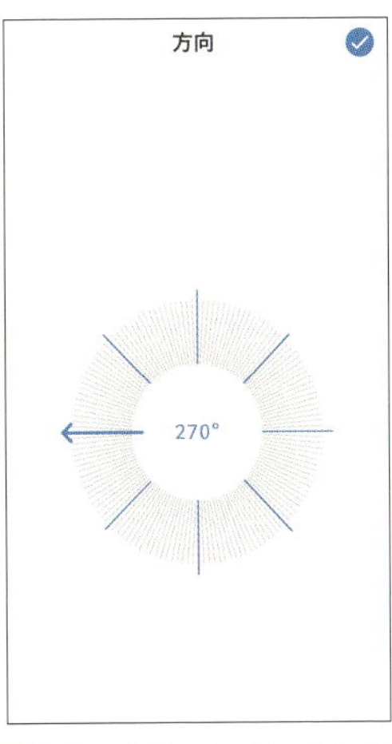

4 そして右下の角では、左に直角に曲がります｡同じく､ロボットから見れば､さらに90度右に曲がることになるので、角度は｢270度＝90度＋90度＋90度)｣です。

Mission

3 四角とカラー変更を組み合わせる

ミッション2の「四角を描く」ブロックプログラムにカラー変更を加えます。角を曲がるたびに、「メイン LED」の色が変わるようにしてみましょう。

ブロックコードは、〈https://edu.sphero.com/remixes/2343210〉

ア 角度を決めて走り出す前に、ロボットの「メインLED」のカラーを設定します。

イ ミッション2と同じように、ロボットを1秒間直進させます。

ウ 一時停止して、動きにメリハリを持たせます。アイウを曲がる角度を変えながら4回繰り返すことで、角ごとに色を変えながら正方形を描きます。

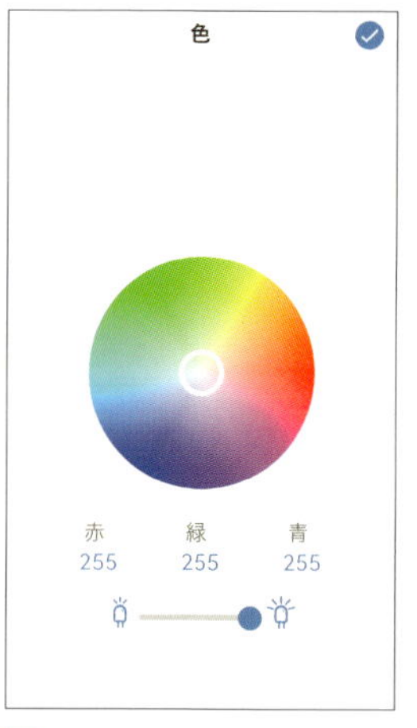

1 色や明るさは、好みで設定しましょう。目で色合いを確かめながら大まかに決めるなら、カラーホイールの好きな場所をタップします。赤・緑・青の割合を数字で決めたい場合には、各数字をタップして表示されるテンキーを使います。

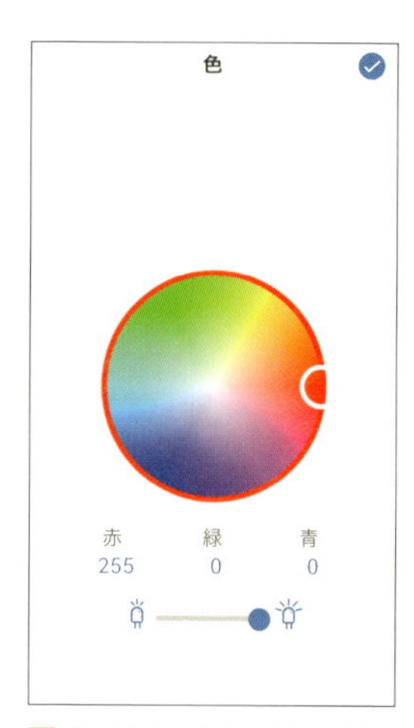

2 真っ赤にしたければ、カラーホイールの赤い部分をタップするか、赤・緑・青の割合を、255・0・0にします。

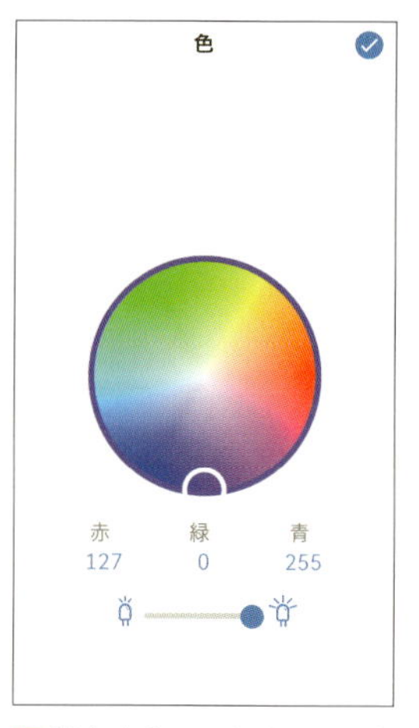

3 紫色をカラーホイールから直観的に選んでみました。

4 水色を選びました。さまざまな色を混ぜてみましょう。

さらにサウンドを加えてみる

ミッション3のプログラムをもとに、サウンド機能による効果音も加えてみましょう。音はロボットではなく、スマートフォンやタブレットから再生されます。

ブロックコードは、〈https://edu.sphero.com/remixes/2343204〉

ア「メインLED」のカラー変更後に「サウンド再生」のブロックを追加し、エンジンのスタート音を出します。

イ 続いて、止まった状態でエンジンが動いている「エンジンアイドリング」の音を出します。

ウ **エ** **オ** 角を曲がるたびに、クラクションを鳴らします。エンジンの音以外にも、好きな音を選んだり、サウンド再生のブロックの位置も変えたりしてみましょう。

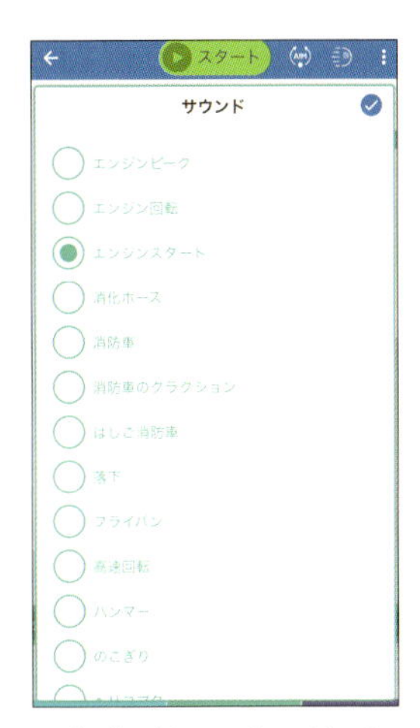

1「サウンド再生ブロック」の「ランダム」ボタンにタッチして、サウンドのリストを表示させます。音のジャンルから「メカ」を選び、メカのリストから「エンジンスタート」をタップします。

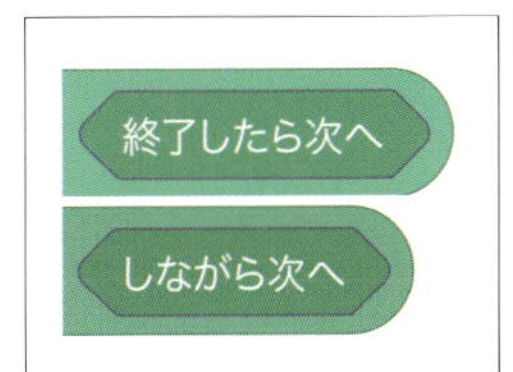

2「論理積演算（AND）」の部分は、音の再生が終わってから次の処理に移る「終了したら次へ」、もしくは音の再生をしながら次の処理に移る「しながら次へ」のどちらかを選びます。

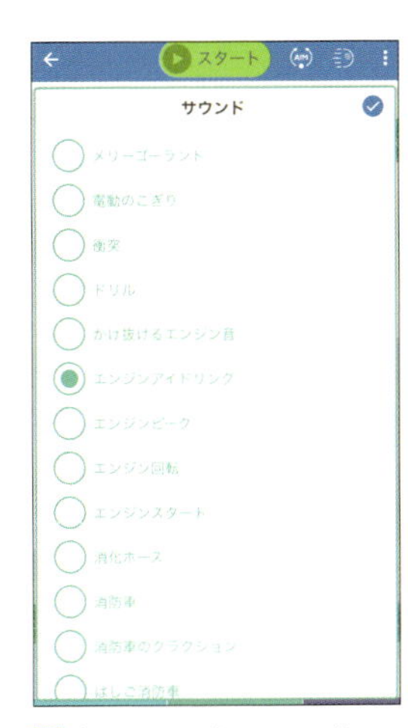

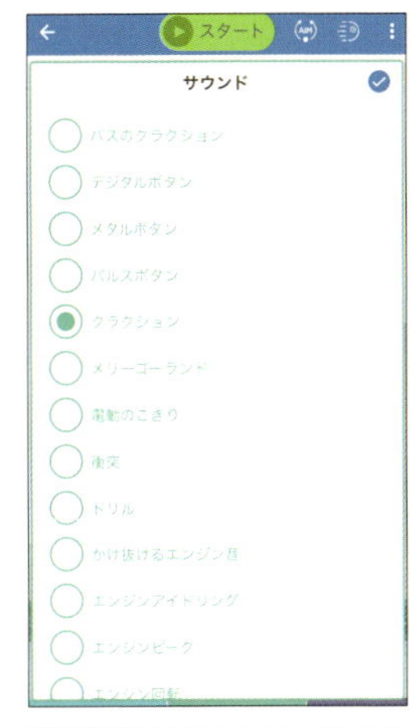

3 上と同じようにして、「エンジンアイドリング」を選びます。

4 **5** **6** 同じように、「クラクション」を選びます。「サウンド再生ブロック」の音の名前を再タップすると、設定済みの音を変更することも可能です。

Mission 5

三角を描く

「ロボットが正三角形を描く」という動きを作り出します。色を変えながら四角を描くミッション3のプログラムと似ています。どんな角度で曲がればいいでしょうか？

ブロックコードは、〈https://edu.sphero.com/remixes/2343202〉

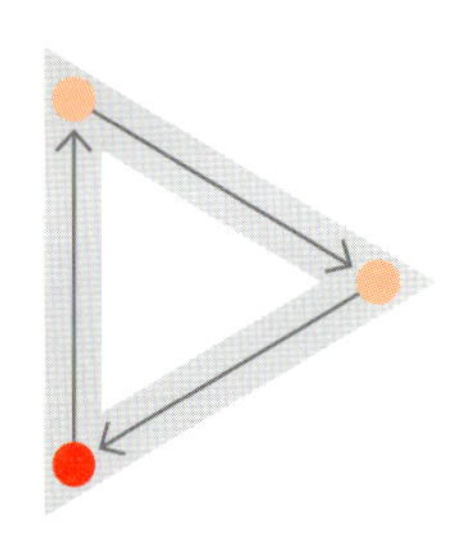

ア 色の変化は、「ランダムカラー」で行います。

イ 四角のときと同じように、ロボットの「ロール」をコントロールして、1秒間直進させます。パワーは、部屋の広さに応じて調整してください。

ウ 処理を一時停止して、動きにメリハリを持たせます。

ア イ ウ の角度を変えながら3回繰り返します。

エ 「プログラムを終了」ブロックを使うと、自動的にそこでプログラムの実行が止まります。

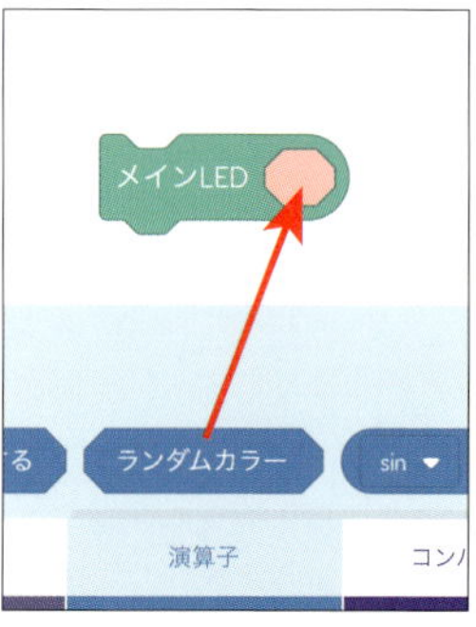

1 メインLEDの色をランダムに設定するには、「メインLED」ブロックの色指定の部分に、「演算子」カテゴリーの「ランダムカラー」ブロックを入れます。「演算子」について詳しく知りたい場合は、2章「ブロックの役割」を見てください。

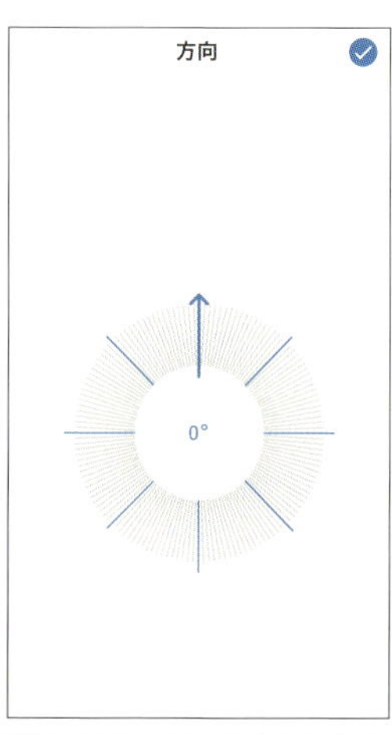

2 最初は、真っすぐ前に進ませるので、角度は「0度」に設定します。

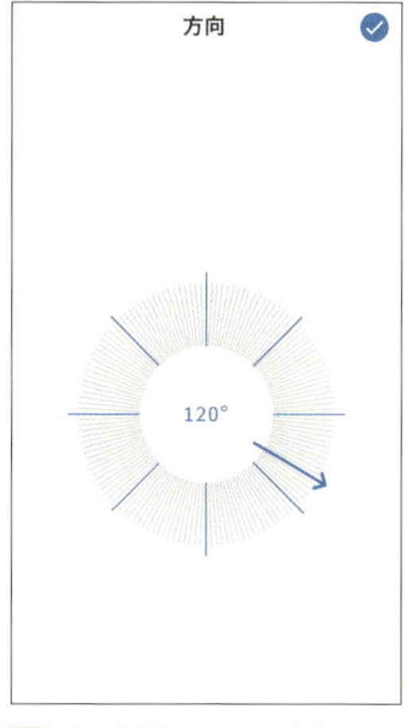

3 正三角形の1つの角度は60度ですが、進行方向に対して曲がる角度は「120度（＝180度－60度）」になります。最初に曲がる角度も「120度」に設定します。

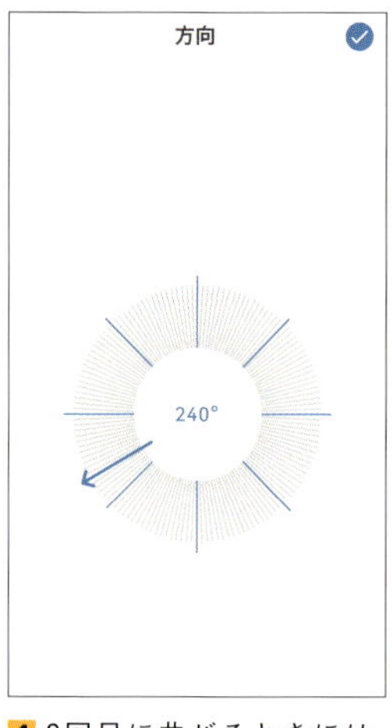

4 2回目に曲がるときには、「SPRK+」から見て、さらに120度曲がることになりますから、角度は「240度（＝120度＋120度）」に設定してください。

Mission
6 三角をループで描く

「ループ」というブロックを使って正三角形を描きます。ミッション2～5を見ると、正多角形を描くプログラムには、似たような繰り返しが多いことがわかるでしょう。ループを使うと、この繰り返しの部分をまとめることができ、プログラムを短くできます。

ブロックコードは、〈https://edu.sphero.com/remixes/2343179〉

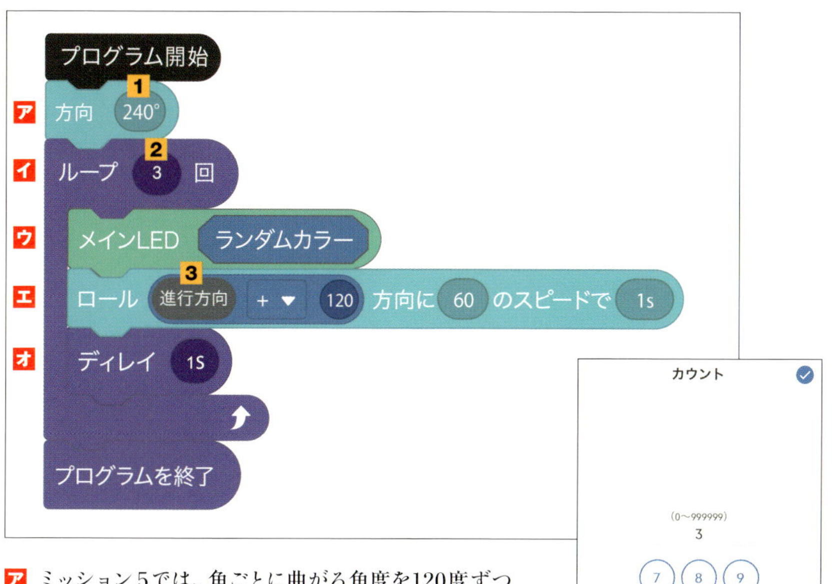

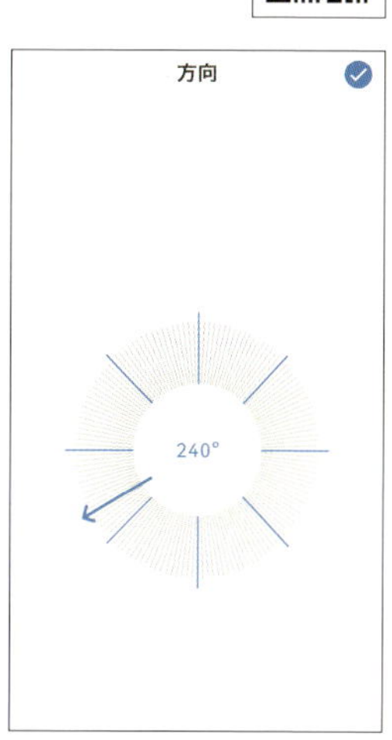

1 走らせる前に、「動作」の「方向」ブロックを240度を設定しておきます。

2 正三角形を描くので、ループの回数は3です。

3 走る方向の角度設定は、まず「ロール」ブロックを配置し、その方向指定のところに「加算」ブロックをドラッグします。そして、左の0には「センサー」の「方向」ブロックをドラッグし、右の0を120に変更してください。

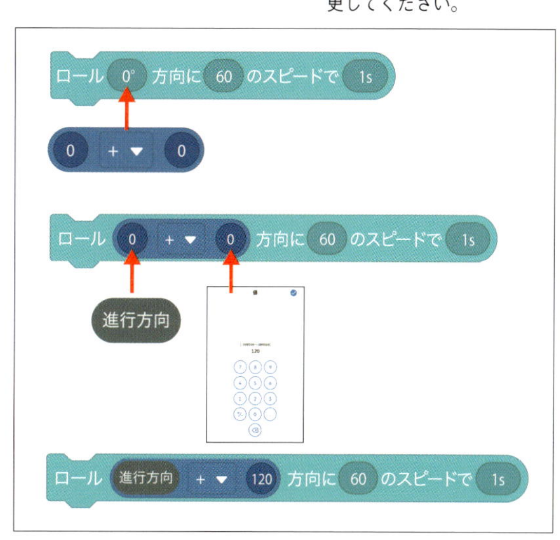

ア ミッション5では、角ごとに曲がる角度を120度ずつ増やしました。同じ動作が繰り返されるときには、ループで置き換えてみましょう。ミッション6では、この「ループ」を使って、**エ** の「ロール」ブロックが実行されるたび、「方向」に120度を加えます。しかし、それだけでは1回目の「ロール」ブロックの実行で、いきなり120度の方向に走り出してしまうので、まず正面（0度の方向）に進ませる工夫が必要です。そのため、「方向」を240度に設定しておきます。すると、最初に進む方向が240度+120度で360度になりますが、これは見かけ上、0度に等しいため、正面に向かって走り始めるのです。

イ 「コ」の字の逆向きの形をしたループで、**ウ** **エ** **オ** の処理が3回繰り返されます。

ウ 「メインLED」の色は、三角形の辺ごとにランダムに決まります。

エ 「ロール」ブロックの方向設定では、これまでの角度の数字にかえて「方向+角度」の式を使います。ただし、算数の計算とは違い、「方向+角度」の結果が新たな「方向」として120度ずつ増える仕組みです。

オ 処理を一時停止して、動きにメリハリを持たせます。

五角形を作ろう

ミッション6で「ループ」という「繰り返しの機能」で描いた正三角形の応用で、正五角形を描きます。どのようにすれば正五角形になるでしょうか。「ループ」を使って、どんな正多角形も作れるようになります。

ブロックコードは、〈https://edu.sphero.com/remixes/2343176〉

走る方向の角度設定は、まず「ロール」ブロックを配置し、その方向指定のところに「加算」ブロックをドラッグして加えます。そして、左の0には「センサー」の「方向」ブロックをドラッグし、右の0を72度に変更してください。

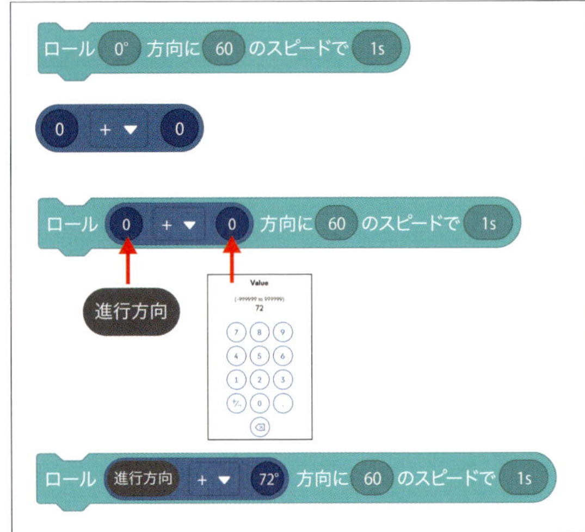

ア 最初に、ロボットを自分と同じ正面（0度の方向）に向くようにします。正五角形の外角は360度÷5＝72度です。0度の方向になるように「動作」カテゴリーの「方向」ブロックの数値を360度−72度の288度にして、ロボットを正面に向けます。

イ 「ループ」の設定を5にして、**ウ** **エ** **オ**の処理を、5回繰り返します。

ウ 「メインLED」の色は、正五角形の直線（辺）ごとにランダムに決まります。

エ 「ロール」ブロックの「方向」設定は、正三角形のときと同じく、「方向＋角度」という式によって行います。ループで回転ブロックが実行されるたびに方向が外角の角度の分（72度）ずつ増えていきます。

オ 処理を一時停止して、また動作の再開を待ちます。

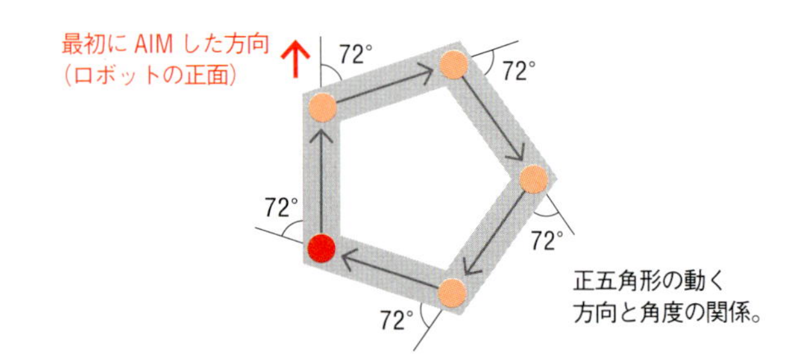

正五角形の動く方向と角度の関係。

Mission 8

コースを作って走らせる

紐やテープなどで作ったコースを、ロボットに走らせます。このプログラムを作ることで、学校の算数で習う「道のり・時間・速さ」を楽しみながら理解できます。完成プログラムを参考にして、自分でコースを作ったり、方向、スピード、継続時間を変えたりして、ロボットを走らせてみましょう。

ブロックコードは、〈https://edu.sphero.com/remixes/2343200〉

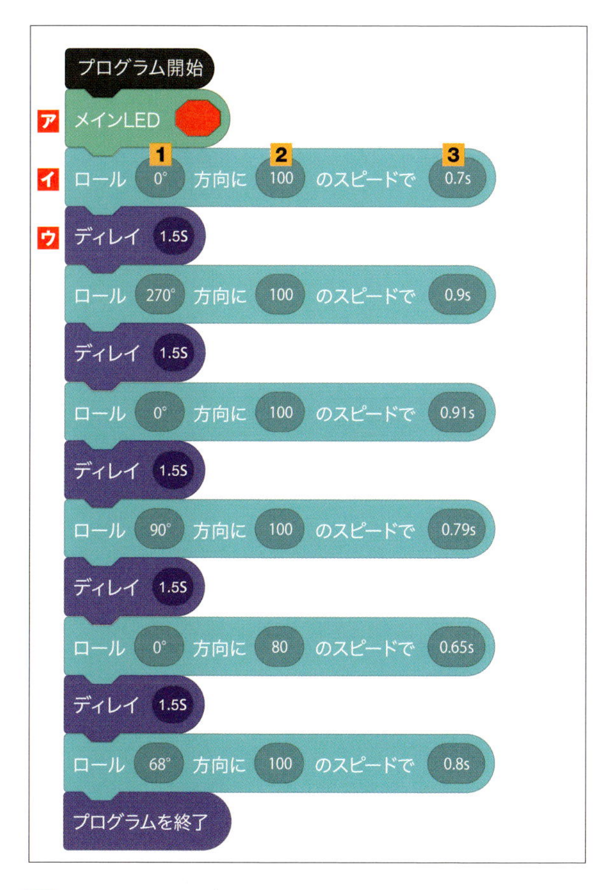

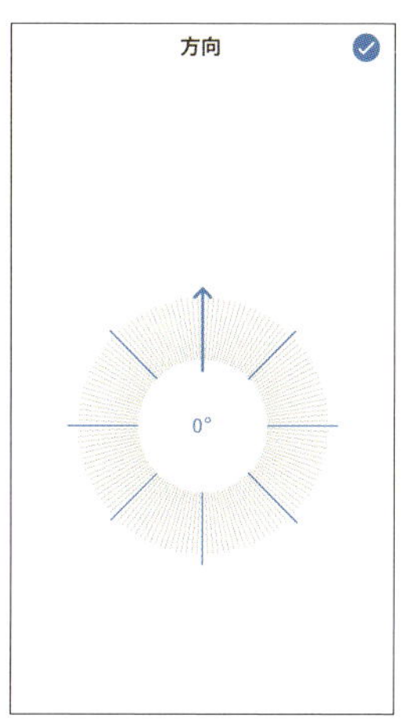

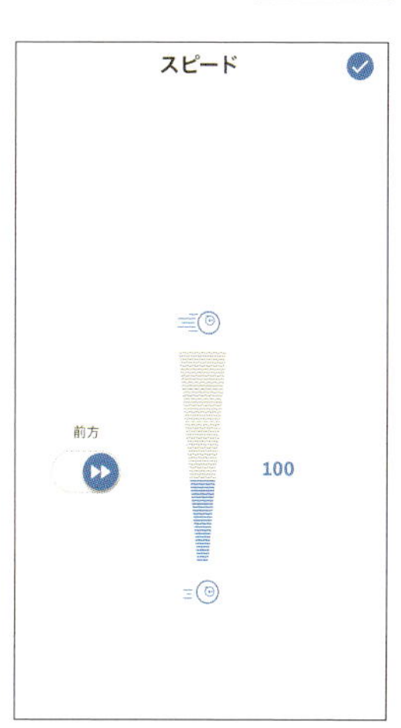

1「方向」を設定します。まずロボットをスタートの場所に置いてください。最初は前方へ直進なので、角度を0度にしましょう。そのあとは、コースの進む角度に合わせて設定していきます。

2「スピード」は、ここでは100としました。走らせる床によって、適切なスピードが違います。たとえば、カーペットの場合は摩擦抵抗が大きいので、大きな値にする必要があるかもしれません。フローリングのような滑る床では、スピードを出しすぎるとスリップします。

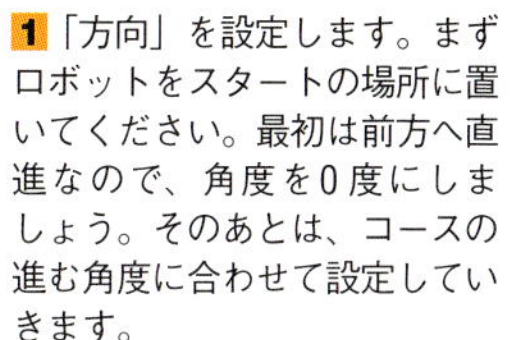

3 最後は「継続時間」を設定します。「SPRK＋」が回転したり、光ったりするという、命令が実行される時間を表します。ここでは0.7秒にしました。実際に動かしてみると「スピード」(回転数)との関係で「SPRK＋」の動く距離が決まってきます。

ア「メイン LED」ブロックでロボットが光る色を決めます。ここでは赤に設定してみます(好きな違う色を設定してもOK)。

イ「ロール」ブロックを使い、コースの最初のセクション(前方に直進)に合わせて、「方向」「スピード」「継続時間」を設定します。

ウ 角ごとにきちんと曲がれるように「ディレイ」ブロックを入れてプログラミングします。コースの直線の数や長さに応じて、**イ**と**ウ**を繰り返します。最後にゴールしたら止まるように「プログラムを終了」のブロックを入れます。

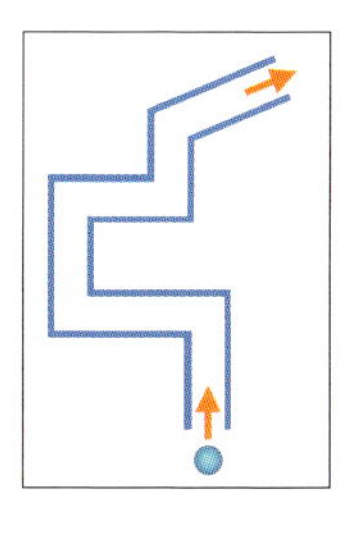

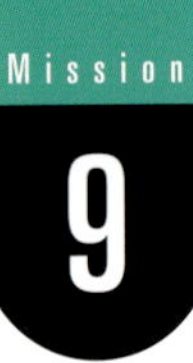

8の字 — その1(ループと変数で描く)

プログラミングが面白いのは、同じことをさせるにも答えが1つではないことです。そこで、ミッション9とミッション10では、「8の字を描く」プログラムを、2つの違った考え方で組んでみます。ミッション9は、これまでの正多角形を描いてきたミッションの応用です。正三角形はとがった感じですが、正方形(正四角形)、正五角形、正六角……というように角が増えると、角が丸くなっていきます。正円に近づいていくのです。描かれた図形が小さければ、正20角形になると正円と見分けがつきません。そこで正20角形を2個、隣り合わせに並べて8の字を描きます。ここでは「変数」のブロックも使います。

ブロックコードは、〈https://edu.sphero.com/remixes/2343211〉

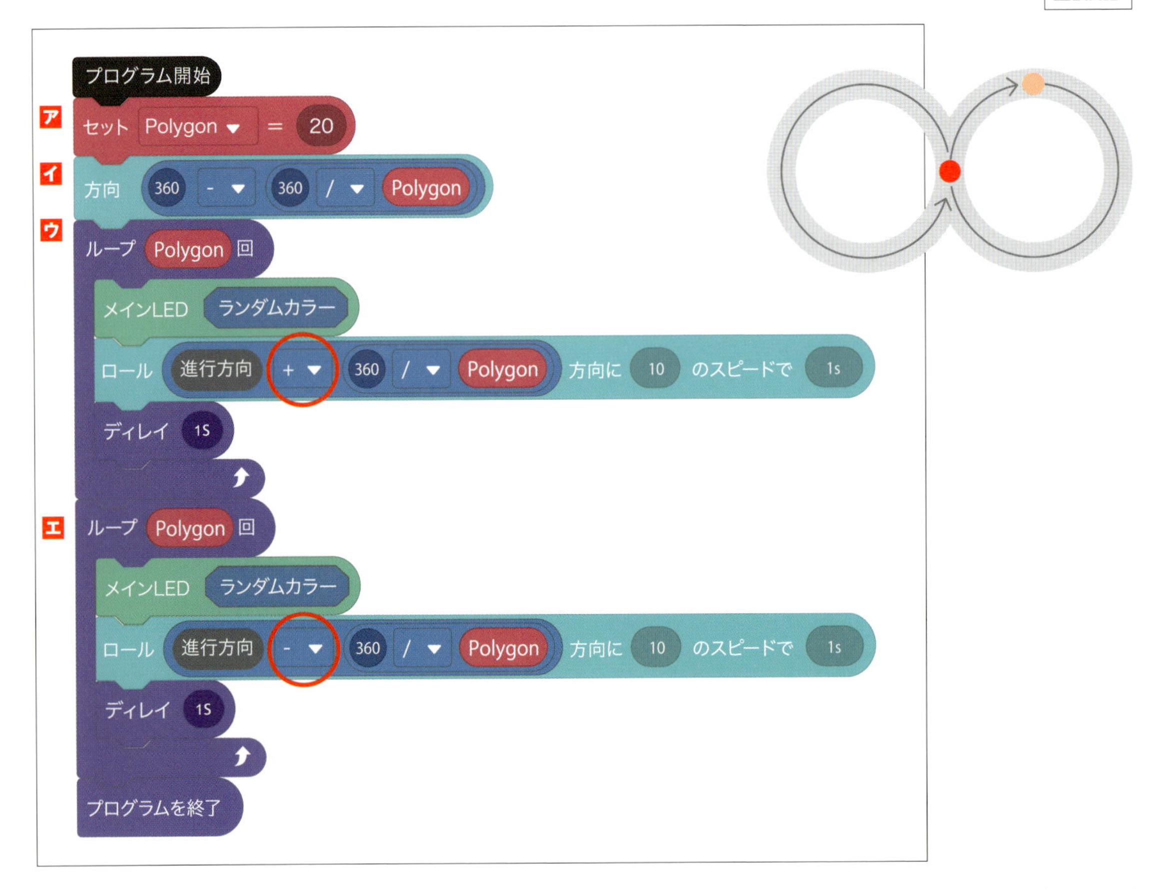

ア 多角形の数を指定するブロックを作っておきます。「変数」カテゴリーで「新規追加」をタップしたあとに「数字」を選択、ここでは「Polygon(多角形を意味する英語)」と入力して名前をつけます。すると、「変数」カテゴリー内に「Polygon」というブロックが追加されます。このブロックをプログラムに追加し、値を20と入力します。

イ ループ内で「方向」の角度が増えても、まず前方正面(0度、あるいは360度の方向)に向かって走り出すように、「AIM」で方向調整しておきます。

ウ 右回りに8の字の円を描くパートです。ループ内の処理を、変数「Polygon」の値の回数分だけ繰り返しますが、ここでは「Polygon」の値が20なので、20回繰り返されることになります。「ロール」ブロックの「スピード」を10にしてゆっくり動かし、8の字が大きくなりすぎないように調整します。

エ 8の字のもう片方の円を、左回りで描くパートです。**ウ**とほとんど一緒ですが、赤丸をつけたところが、加算(+)から減算(−)に変わっています。これは、8の字を構成する2つの円は、描く方向が正反対になるためです。「方向」の「角度」が増えていくと右回り、減っていくと左回りになります。

Mission

10 8の字 —— その2（スピンで描く）

「Sphero Edu」アプリでは、ブロックの種類を変えてみるとプログラムを短くシンプルにできる場合があります。プログラムの作り方は自由です。お手本のプログラムを参考にしてもいいし、自分のひらめきでブロックを選んでもいいのです。ここでは「スピン」のブロックを使うことで、ミッション9とは別の方法で8の字を描きます。「スピン」は、指定した角度だけロボットをスピン（水平方向に回転）させます。「スピード」が0（ゼロ）なら、その場で回転します。走行中にスピンさせると進行方向が連続的に変化していくので、スピンの「角度」を360度に設定すると、弧を描いてスタート地点に戻ります。その軌跡が円になるのです。

ブロックコードは、〈https://edu.sphero.com/remixes/2343171〉

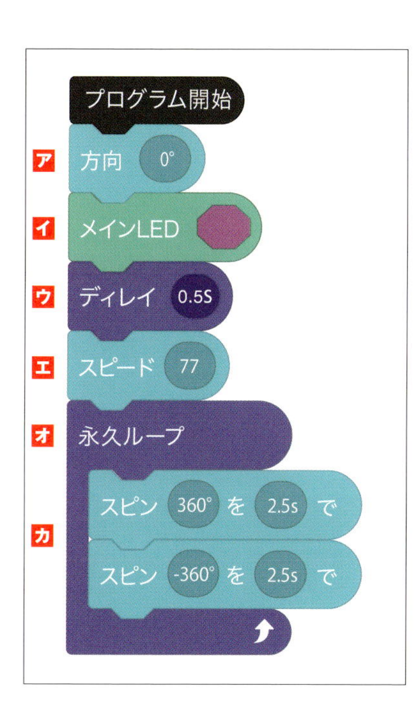

ア ロボットが正面（前方）に向かって走り始めるように、「方向」ブロックで「角度」を0度に設定します。

イ 「メインLED」ブロックで色を設定します。ここではピンクにしました（自分の好きな色を選んでもOKです）。

ウ LEDの色をしっかり見せるために、「ディレイ」ブロックで0.5秒の待ち時間を入れます。

エ 「スピード」ブロックで、速さを設定します。「スピード」は、動かす場所の広さや床の状態に応じて変えてみましょう。

オ 「永久ループ」ブロックに2つの「スピン」ブロックを入れます。「永久ループ」を使うと画面上部にある「停止」ボタンにタッチするまで8の字を描き続けます。

カ スピンの角度を360度、もう片方は－（マイナス）360度に設定します。2つの円を描く方向が逆になり、8の字を描くことができます。また、「継続時間」により、8の字の大きさが変わります。数値を変えて、ロボットの動きを観察してみましょう。

Mission 11 アルファベットで名前を書こう

ロボットにあなたの名前をアルファベット（英字）で書かせます。「Light Write」（光で書く）というこのプログラムには、Sphero 社がすべての文字を関数の形で用意しています。関数を並べるだけのプログラミングで、好きな英語の文字や英単語を書いてくれるのです。SPHERO と書いてから、好きな英字の名前を描くプログラムを作りましょう。

ブロックコードは、〈https://edu.sphero.com/remixes/2343192〉

ア 文字のスタートの位置まで移動するために、「メインLED」の光を消します。

イ「O（オー）」の場合、文字を書き始めるポイントは字の中央の下端になります。「ロール」ブロックによって、そこまで移動します。

ウ 文字の線を描くために、「メイン LED」の色をランダムにセットします。

エ「スピード」ブロックで、「パワー」を 50 に設定します。

オ「スピン」ブロックを使って、左回りに「だ円」を描きます。これが、「O（オー）」の形になります。

カ すべての文字を書き終わったのでロボットをしっかり停止させます。

キ「メイン LED」の光を消します。

ク ロボットを「O（オー）」の字の右端の位置まで移動して、次の字を書く準備をします。

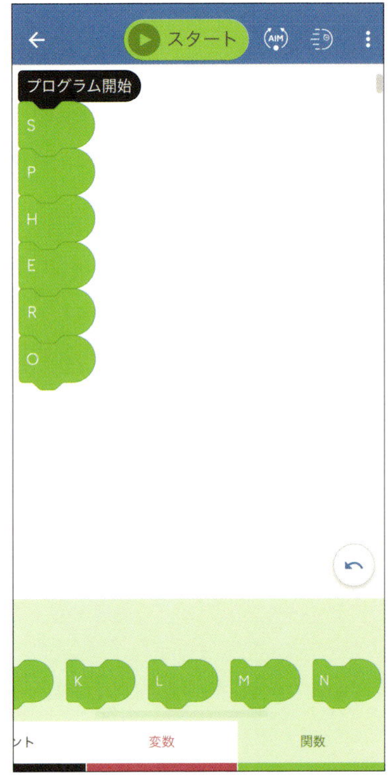

書きたい名前のアルファベットを関数を使って順番に並べてみましょう。ロボットは、文字の部分は「メイン LED」をランダムな色で光らせて走行します。文字と文字の間や離れた線に移動するときには、「メイン LED」を消灯して走り出します。暗いところで、ロボットの動きを見てみましょう。SPHEROという英字が光って見えましたか？ ブロックを並べるだけでこのプログラムが完成します。

●ロボットに名前を書かせてみる

自分の名前を書かせてみましょう。以下の例では「ROBOT（ロボット）」という名前を書かせてみます。

お手本プログラム「Light Write」を「Myプログラム」にコピーします。そして、「Light Write 名前」のようなわかりやすい名前をつけます。

「SPHERO」の英字を書くために使った関数を、キャンバス上からすべて削除します。画面下の緑色の「関数」タブにタッチし、「R」の関数を見つけます。緑の部分をスライドすると、右側からアルファベットが順次現れます。

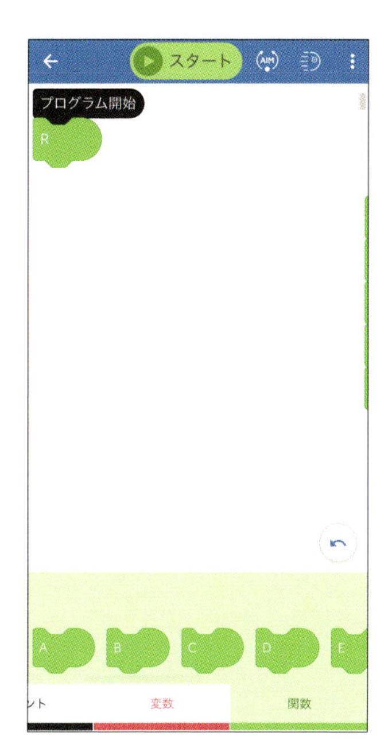

「R」の関数にタッチしてキャンバス上に引っ張り、「プログラム開始」の下に置きます。同様に、画面下のタブから次の「O」「B」「O」「T」の関数を順番に探し出して、同様にキャンバス上に持っていきましょう。

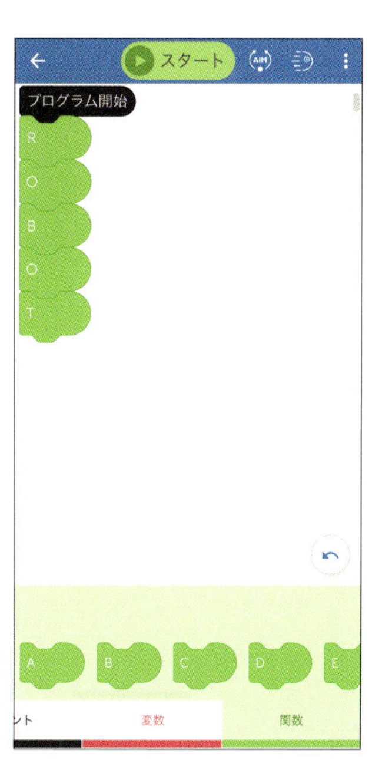

「ROBOT」のすべての関数を入れたら、完成です。

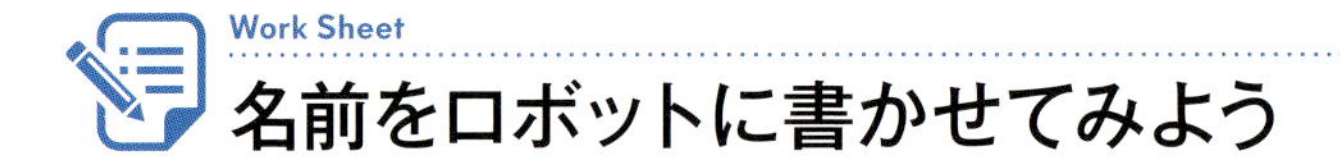

Work Sheet

名前をロボットに書かせてみよう

まず、名前をアルファベットで紙に書きましょう。
そして、ブロックでプログラミングしてみよう。

A B C D E F G H I J K L M
N O P Q R S T U V W X Y Z

自分の名前

ひらがな（例：あきら）

アルファベット（例：AKIRA）

お友だちの名前

ひらがな（例：まりあ）

アルファベット（例：MARIA）

英語でうまく
書けたかな？

Just do it! やってみよう 2

コースを作って競走しよう！

テープや紐でコースを作ったり、積み木で門を作ったり、おうちにあるものを障害物にしたり、アイデア次第で面白いコースができる。コースを作ったら、みんなでレースだ！　これでロボットのリモコン操作がうまくなるよ！

楽しくレースで遊ぼう！

Sphero のロボットボールを走らせよう。スマートフォンやタブレットで簡単に操作できるから、みんなで遊べるよ。ロボットボールは丈夫だから、競走にも向いています。

プログラミングを作ってコースを走らせてみよう！　これまで身につけてきた「スピード」や「方向」の調整の復習だ。簡単なコースから始めてみよう。プログラムが完成したら、みんなに見せよう。ロボットボールをいろいろな色で光らせると、みんなは驚くかな !?

Mission 12 モールス信号

関数を使ってロボットにモールス信号を動きと音と光で発信させます。モールス信号は海難救助などで使われる国際的な通信手段の1つです。単点と呼ばれる「・」(「ト」と発音) と長点と呼ばれる「ー」(「ツー」と発音) の組み合わせで文字を表します。モールス信号を使って連絡してみましょう。救助を求める信号「SOS (エス・オー・エス)」は、モールス信号では「・・・ーーー・・・」(トトトツーツーツートトト) です。

ブロックコードは、〈https://edu.sphero.com/remixes/2380790〉

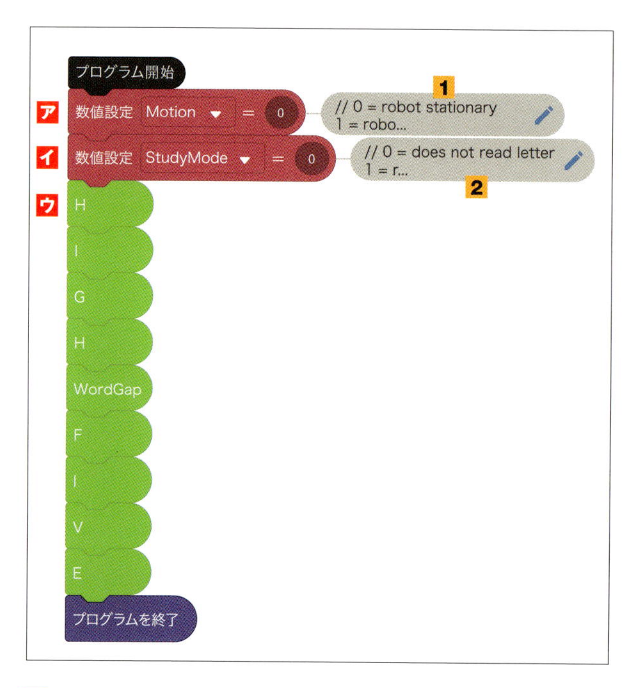

ア ロボットがモールス信号を出すのに、音と光に加えて、短点と長点になる動きをさせるか、させないかを選択します。ブロックの右端が見えない場合は、スマホやタブレットの画面を指でタッチして左にスライドすると、右側にブロックの続きが現れます。下のほうが見えない場合にも、同様に指で上にスライドしてみましょう。

イ ロボットがモールス信号を出すときに、その文字を読み上げるかどうかを選びます。

ウ この下に連なるブロックが実際のモールス信号の「関数」です。ここでは「ワールドカップにハイタッチ」と盛り上げるメッセージになっています。

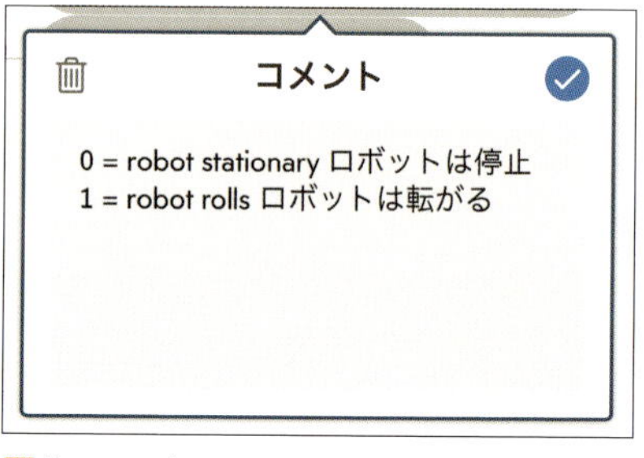

1 「Motion (モーション)」という変数を「0」にするとロボットは停止したまま、音と光だけでモールス信号を出します。「1」にするとロボットは転がり、短点と長点を表す動きをします。このブロックのグレーの部分に英語でコメント「robot stationary」と書かれていますので、日本語で「ロボットは停止」と書き入れてみました。

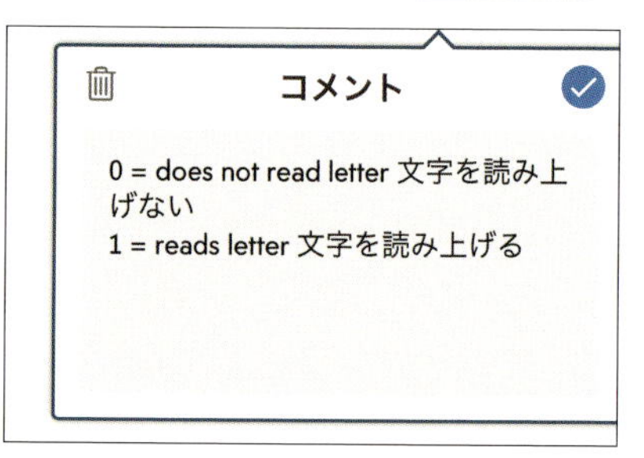

2 「StudyMode (スタディモード)」という変数は、「0」にすると入力した文字を読み上げません。「1」にすると文字を読み上げます。このブロックのグレーの部分に英語でコメント「does not read letter」と書かれていますので、日本語で「文字を読み上げない」と書き入れてみました。

●好きな単語や言葉をモールス信号化する

プログラムを組んで、ロボットにモールス信号化してもらう方法です。例では、「ASOBOU（あそぼう）」という単語を使っていますが、自分の名前や好きな言葉でも試してみましょう。

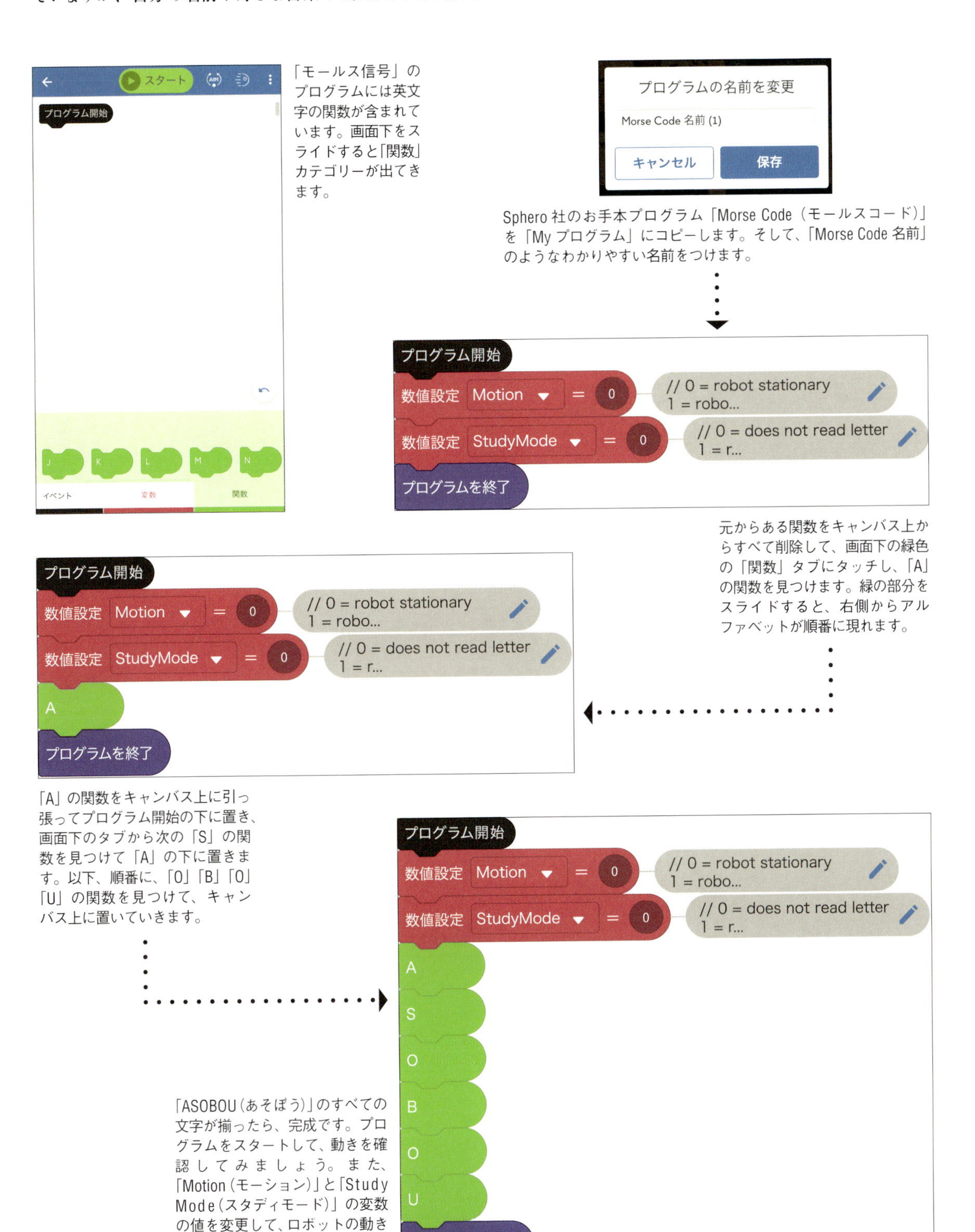

「モールス信号」のプログラムには英文字の関数が含まれています。画面下をスライドすると「関数」カテゴリーが出てきます。

Sphero 社のお手本プログラム「Morse Code（モールスコード）」を「My プログラム」にコピーします。そして、「Morse Code 名前」のようなわかりやすい名前をつけます。

元からある関数をキャンバス上からすべて削除して、画面下の緑色の「関数」タブにタッチし、「A」の関数を見つけます。緑の部分をスライドすると、右側からアルファベットが順番に現れます。

「A」の関数をキャンバス上に引っ張ってプログラム開始の下に置き、画面下のタブから次の「S」の関数を見つけて「A」の下に置きます。以下、順番に、「O」「B」「O」「U」の関数を見つけて、キャンバス上に置いていきます。

「ASOBOU（あそぼう）」のすべての文字が揃ったら、完成です。プログラムをスタートして、動きを確認してみましょう。また、「Motion（モーション）」と「Study Mode（スタディモード）」の変数の値を変更して、ロボットの動きの違い、読み上げをさせてみましょう。

Mission

13 自動運転

「ロボットが自分で考えて、壁にぶつかると自動で進路を変える」という自動運転のプログラムです。「衝突時」ブロックを使うことで、たった2つの要素からできます。ロボットが自動で動き続けるプログラムです。

ブロックコードは、〈https://edu.sphero.com/remixes/2343206〉

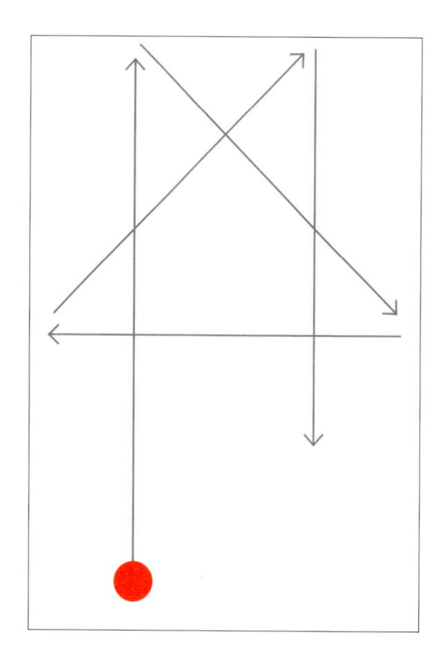

ア メイン部分は、「スピード」ブロックを使った走り続けるプログラムです。「ロール」ブロックでは、「方向」「スピード」「継続時間」の3つの走りの要素を決められます。しかし、ここでは走り出す向きや止まるまでの時間は関係ありません。スピードだけを好きなように決めればよいのです。

イ ロボットが壁に衝突したことをロボット内部のセンサーが感知すると、アプリ内のプログラムの流れは、「方向」ブロックに移ります。この「方向」ブロックは、灰色の「方向指定」ブロック（灰色は「センサー」カテゴリーに分類されるブロックです）に135度を足した角度を、新しい「方向」として設定します。どんな向きで走っていても、壁に当たると向きが右回りに135度変化して走り続けます（ロボットを止めるには、画面上の「停止」ボタンを使います）。

壁にぶつかるたびに135度ずつ角度が変化するとすれば、ロボットの走り方は左の図のようになるはずです。しかし、実際にはそうならず、衝突後はカーブするように迷走します。なぜそうなるのか、実際に走らせながら考えてみましょう（ヒント：プログラムで方向転換を命令しても、実際に走っているロボットは急に方向を変えることはできません）。

左の図のように走らせるにはどうすればいいか、プログラムを改良してみましょう（ヒント：「ディレイ」ブロックをどこかに入れて、秒数を調整してみましょう。なお、既存のプログラムに手を加えると、自動的に「My プログラム」にコピーされます）。

Just do it! やってみよう 3

ロボットをジャンプさせてみよう！

Sphero社の純正ジャンプ台「Terrain Park（テレインパーク）」（別売り）。

ジャンプ台と「SPRK+」で遊ぼう！

「SPRK+」をジャンプさせてみよう！ Sphero社が別売りしている「Terrain Park（ジャンプ台）」を使ったり、自分でジャンプ台を作って、「SPRK+」をジャンプさせたりしてみよう！ お友だちと一緒にジャンプを競えば、操縦技術が向上することはること間違いありません。「SPRK+」は丈夫なロボットなので、何度ジャンプさせてもへっちゃらです。

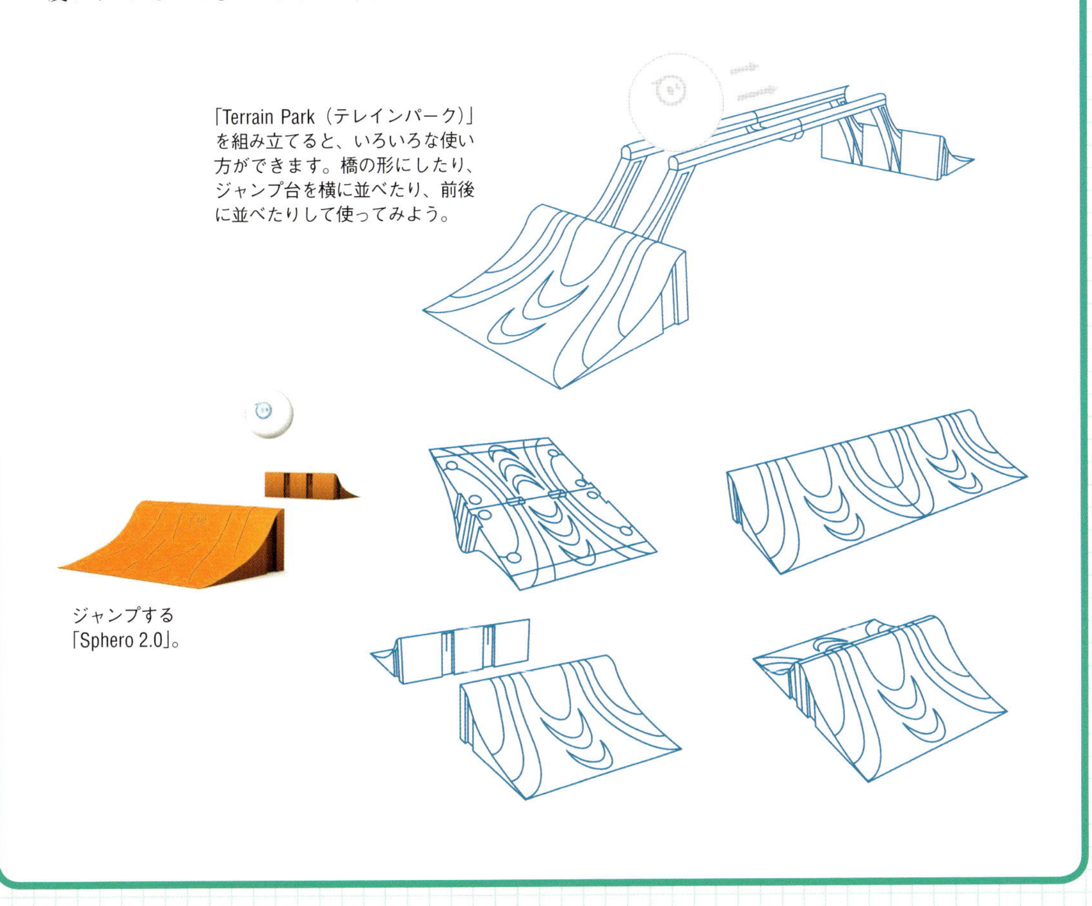

「Terrain Park（テレインパーク）」を組み立てると、いろいろな使い方ができます。橋の形にしたり、ジャンプ台を横に並べたり、前後に並べたりして使ってみよう。

ジャンプする「Sphero 2.0」。

Sphero Pong（スフィロポン）

ロボットを使ってテーブルの上で行うピンポン(卓球:Ping Pong)です。ロボットの動きはミッション13の「自動運転」と似ています。２人のプレーヤーが、自分の手を卓球のラケットがわりにして球（ロボット）の進路をさえぎります。手にぶつかった球が自動的に相手に向かって方向転換をします。ゲーム開始の前に、ロボットのテールライトがどちらかのプレーヤーに向くように調整してから、「スタート」ボタンにタッチします。手はやわらかいので、ロボット内のセンサーが衝突したと認識できるように、少し強めにぶつけるとよいでしょう。手の位置よりも後ろにロボットが回り込む、もしくは相手との中間地点よりも手前でテーブルの縁からロボットが落ちてしまったらプレーヤーの負けとなります。まずスフィロポンで遊んでから、プログラミングしよう。

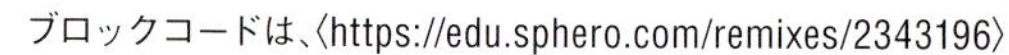
ブロックコードは、〈https://edu.sphero.com/remixes/2343196〉

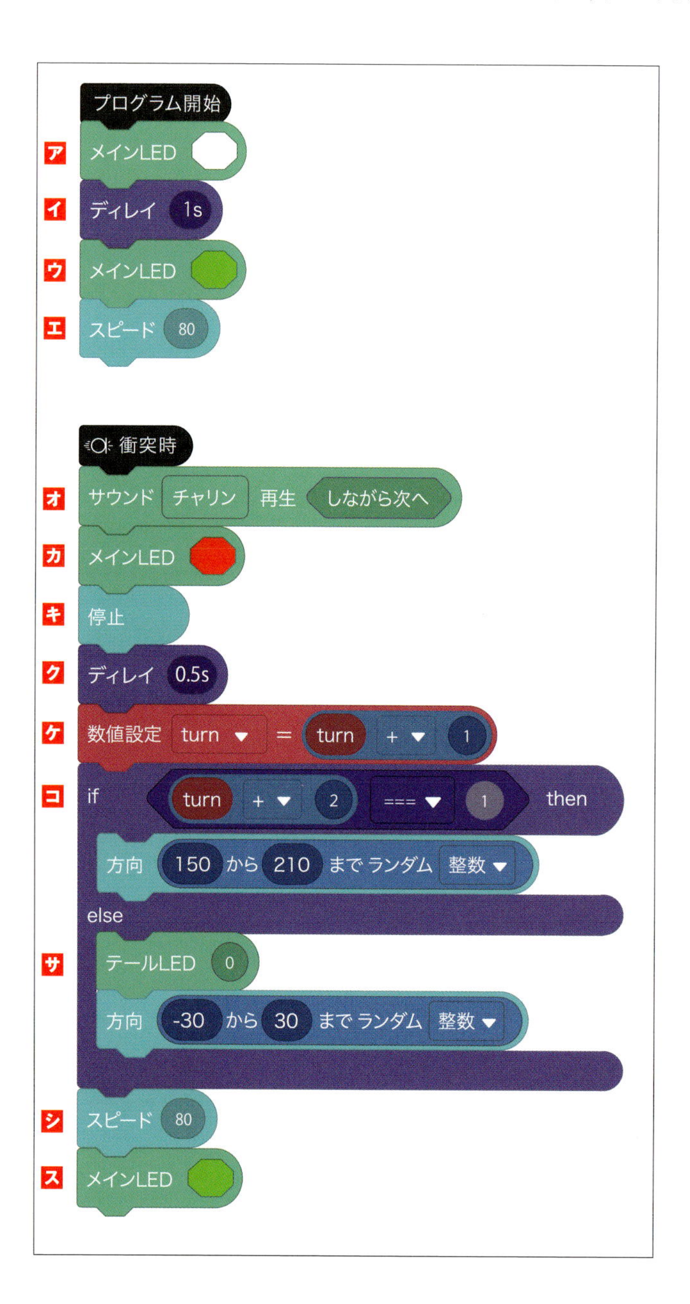

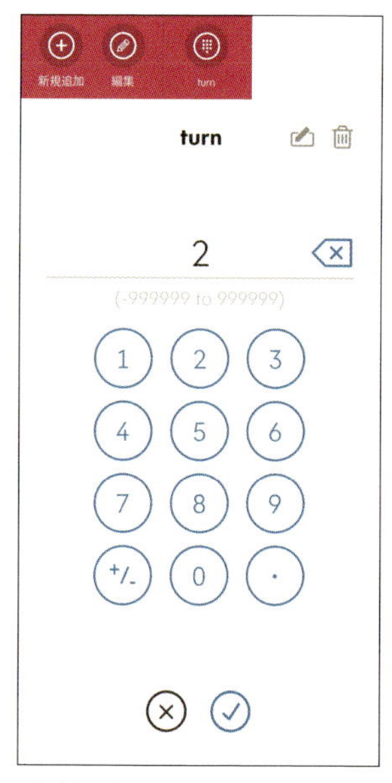

「turn」（順番）という変数の値は、2に設定されています。これは、最初の衝突、つまり最初に手のラケットで球（ロボット）を打ち返すときに、相手から来た方向に戻すためです。最初に球を打った人ではなく、2回目に打つ人のための命令であることを示すために2という偶数を入れています。

ア「メイン LED」を白く光らせて、プレーヤーに始める準備をうながします。

イ 少し待たせて、プレーヤーの緊張を高めます。

ウ「メイン LED」を緑に光らせて、プレーヤーにゲームの開始を合図します。

エ「スピード」を 80 に設定して、ロボットを走らせます。

オ 手に衝突したら、まずチャリンという音を出します。

カ そして、「メイン LED」を赤く光らせます。

キ ロボットを停止させて、ロボットの動きにメリハリをつけます。

ク 方向転換の前に、0.5 秒間待ちます。

ケ 衝突するたびに、「turn」という変数に1を足して、どちらのプレーヤーの順番かがわかるようにします。

コ ここで実際にどちらのプレーヤーの順番かを判定し、それに応じて反射する角度を変えています。具体的な方法は、変数「turn」を2で割った余りを「モジュロ」ブロックで変換します。余りが1なら反射の角度を 150 度から 210 度の範囲でランダムに、また余りが0なら同じく−30 度から 30 度の範囲でランダムに、それぞれ設定します。

サ「テールLED」ブロックで明るさを0に設定し、ロボットのテールライトを消します。この「テール LED」ブロックがなくても、プログラムは正常に動きます。

シ 反射の角度が決定するまで止めておいたロボットのスピードを、再び 80 に設定して走らせます。

ス 赤くなっていた「メイン LED」を緑に戻します。

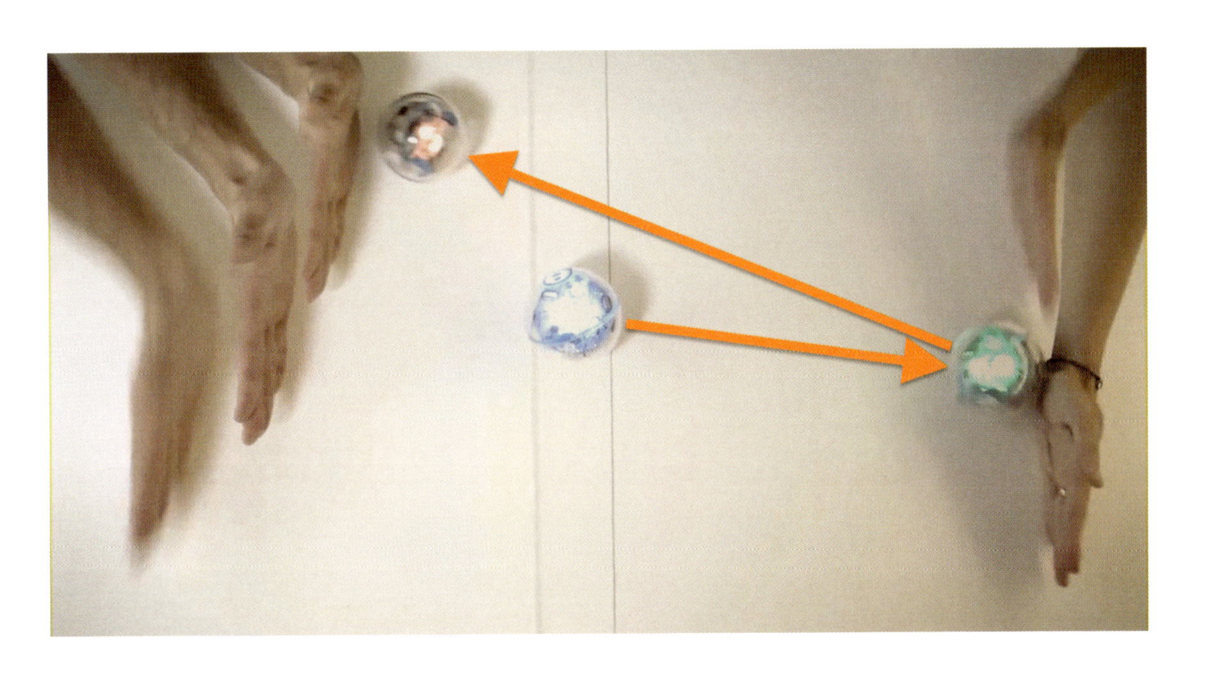

Mission 15 Animal Toss（アニマルトス）

アニマル（動物）の声を当てるゲームです。輪になって立ち、最初にリーダーがその中の誰かにロボットをトス（高く放り投げて渡す）します。ロボットを受け取ると、鳴き声が聞こえるので、何の動物かを当てます。間違えた人は輪から抜けていき、最後に残った人が優勝です。まずは完成プログラムを「My プログラム」にコピーし、ロボットをトスして、音を聞いてみましょう。

ブロックコードは、〈https://edu.sphero.com/remixes/2343198〉

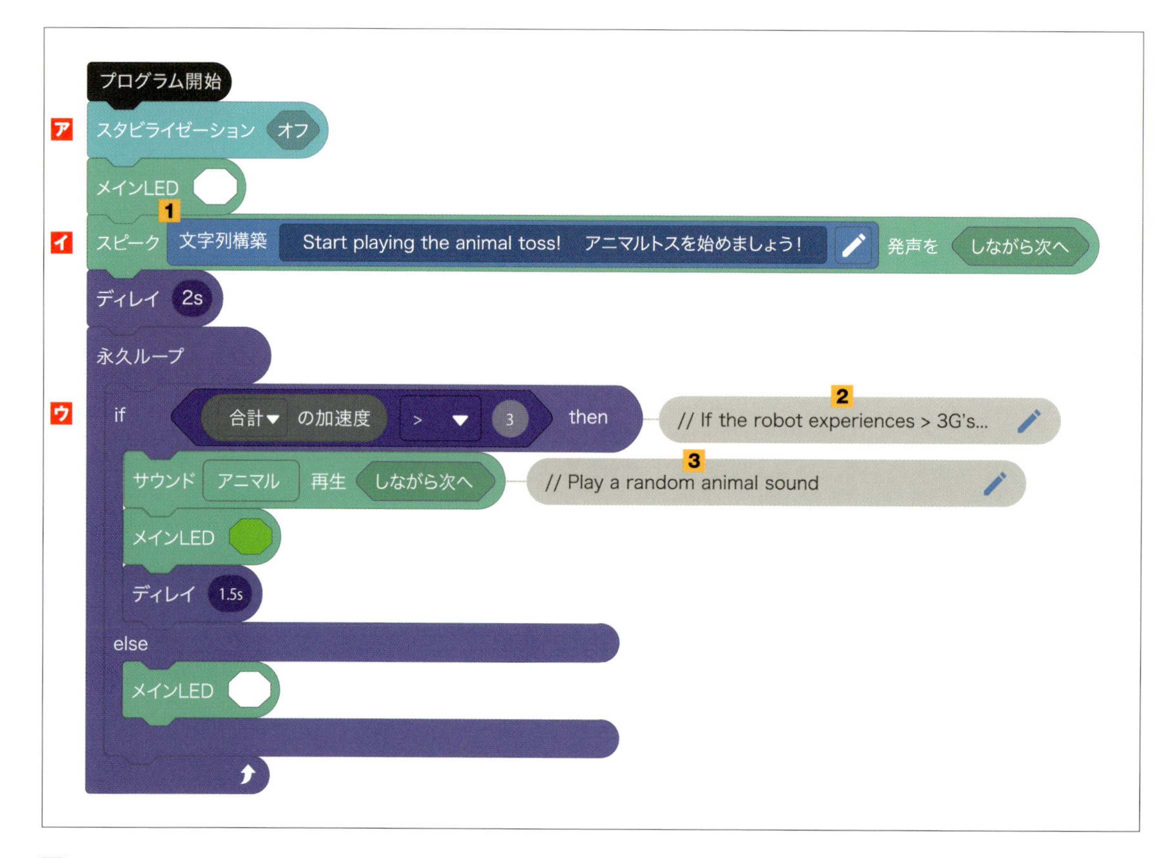

ア ロボットが不安定になるように「スタビライゼーション」ブロックで「オフ」を選択します。

イ ゲームスタートを告げるかけ声です。

ウ「永久ループ」ブロックの中にある「条件分岐2」ブロックで、加速度の合計が「3G」（3Gとは、地球の重力の3倍という意味）を超えるか、超えないかで別々の命令をプログラムしています。3Gを超えたら「サウンド」で動物の鳴き声が聞こえます。3Gを超えない場合には、ロボットが白く光っている状態で待機します。なお、「永久ループ」を使っているので、「停止」ボタンにタッチするまでプログラムは動き続けます。

1 完成プログラムではこの文字列は英語になっていますが、ここでは日本語の意味を入力しました。英語を削除して日本語で置き換えて、日本語の音声が出るようにしてもよいでしょう。

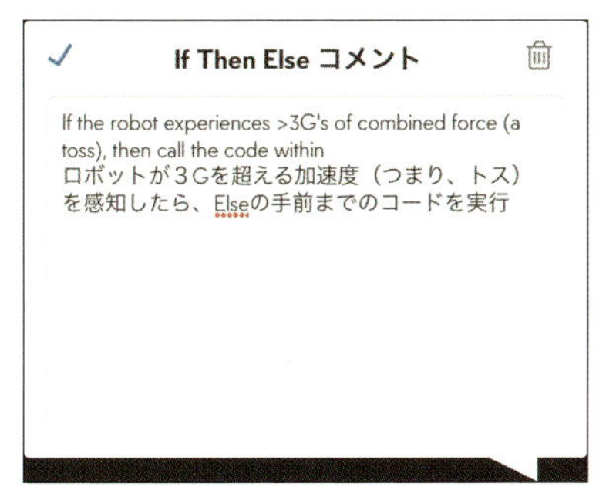

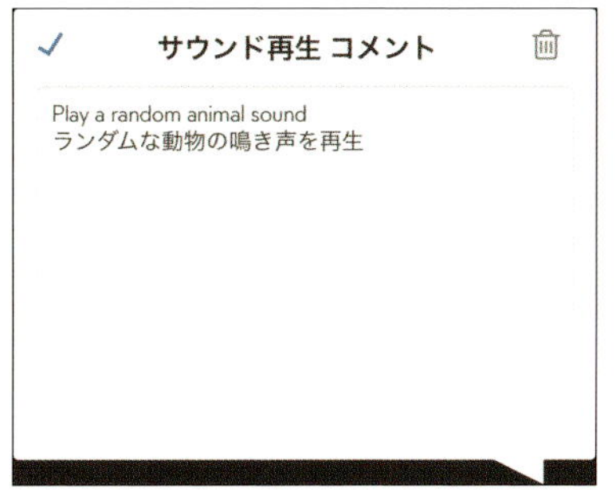

2 ブロックプログラミングのコメント機能を使って、この部分で何をしているかの説明が書かれています。ロボットに地球の重力の3倍の力がかかった場合に、Elseの手前までの命令を実行するということを日本語でコメントを入れました。

3 同じく、動物の鳴き声の再生が行われるということを日本語で入れました。

●アニマル（動物）の鳴き声の例

動物の鳴き声は、「色とサウンド」カテゴリーの「サウンド」ブロックをキャンバスに置くと出てくる「アニマル」から選択します。このゲームは、動物の名前を英語で答える練習にもなります。

●加速度計（g）

「アニマルトス」ゲームで遊んだら、「センサーデータ」を表示して、「加速度計（g）」を見てみましょう。ロボットを高く放り投げた（トスした）ときの、加速度がわかります。

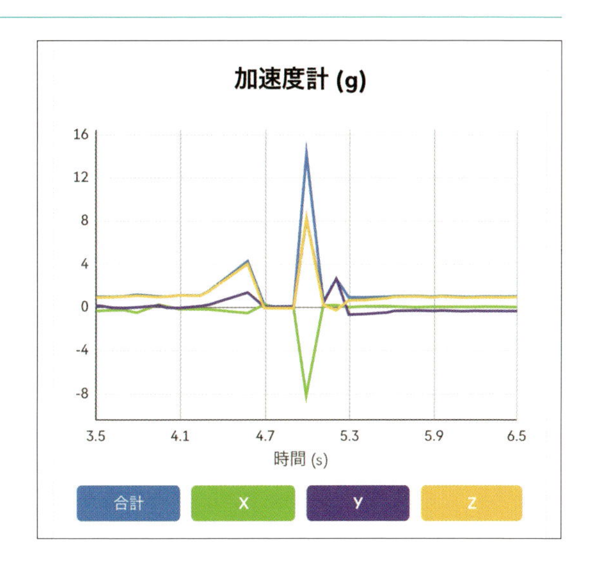

ロボットで奏でる

このミッションでは、思いもよらない方法で、ロボットが「マーチ」（軍隊行進曲）を演奏します。音を出すために「Sphero Edu」アプリに入っているサウンド機能は使いません。ここでは、ロボットに内蔵されたモーターを全開で回したときに発生する音の高低で旋律を演奏します。回転数とその継続時間と組み合わせて、音を作ります。完成プログラムを参考にして、自分のアイデアを曲にできますか？

ブロックコードは、〈https://edu.sphero.com/remixes/2343189〉

```
プログラム開始
メインLED ランダムカラー
モーター 左 125 右 -125 で 0.5s 回転
メインLED ランダムカラー
モーター 左 -125 右 125 で 0.5s 回転
メインLED ランダムカラー
モーター 左 125 右 -125 で 0.5s 回転
メインLED ランダムカラー
モーター 左 -106 右 106 で 0.3s 回転
メインLED ランダムカラー
モーター 左 143 右 -143 で 0.2s 回転
メインLED ランダムカラー
モーター 左 -125 右 125 で 0.5s 回転
メインLED ランダムカラー
モーター 左 -106 右 106 で 0.3s 回転
メインLED ランダムカラー
モーター 左 143 右 -143 で 0.2s 回転
メインLED ランダムカラー
モーター 左 -125 右 125 で 1s 回転
メインLED ランダムカラー
モーター 左 143 右 -143 で 0.2s 回転
メインLED ランダムカラー
モーター 左 -125 右 125 で 1s 回転
メインLED ランダムカラー
モーター 左 171 右 -171 で 0.5s 回転
```

```
メインLED ランダムカラー
モーター 左 -171 右 171 で 0.5s 回転
メインLED ランダムカラー
モーター 左 171 右 -171 で 0.5s 回転
メインLED ランダムカラー
モーター 左 -187 右 187 で 0.3s 回転
メインLED ランダムカラー
モーター 左 143 右 -143 で 0.2s 回転
メインLED ランダムカラー
モーター 左 -109 右 109 で 0.5s 回転
メインLED ランダムカラー
モーター 左 106 右 -106 で 0.3s 回転
メインLED ランダムカラー
モーター 左 -143 右 143 で 0.2s 回転
メインLED ランダムカラー
モーター 左 -109 右 109 で 0.5s 回転
メインLED ランダムカラー
モーター 左 106 右 -106 で 0.3s 回転
メインLED ランダムカラー
モーター 左 -143 右 143 で 0.2s 回転
メインLED ランダムカラー
モーター 左 125 右 -125 で 1s 回転
メインLED ランダムカラー
プログラムを終了
```

曲の1音ずつを、モーター全開のブロックを使ってプログラミングします。そのブロックの中で、音程はモーターの回転数で、長さは継続時間で調整します。そして、その1音ずつを組み合わせて、楽曲を作ります。プログラムはとてもシンプルなので、短いメロディーを選んでチャレンジしてみましょう。ところで、この曲のタイトルはわかりましたか？

Just do it! やってみよう 4

「SPRK+」がモーターがわりになる！

友だちと協力して、動くおもちゃを作りました！ ホイールを取り付けて、その上に「SPRK+」を載せると、おもちゃは動きだします。ちょっと作るの難しいかな？

アイデアがあれば、いろいろなおもちゃが動かせる！

ロボットボール「SPRK+」は、ものすごいスピードで回転できるロボット。「SPRK+」を動力(モーター)として、おもちゃを動かして遊べる。ブロックで作ったバギーや透明なコップなどのおもちゃの中に「SPRK+」を入れてみよう。「SPRK+」の回転の力を利用すれば、アイデア次第でいろいろな遊びができる！

「SPRK+」を動力（モーター）がわりにして、いろいろなものを動かして遊ぼう。
ルールは何もなくて、とても自由。自分の好きなように工夫してみよう。

Mission

17 音楽とプログラミング

音楽に合わせてロボットにダンスを踊らせてみましょう。ロボットは、転がったり、ジャンプしたり、光ったり、音を（スマホなどデバイスのスピーカーから）出したりできます。Sphero社が作った「We will rock you（ウィ・ウィル・ロック・ユー）」というプログラムを試してみます。そして、次のページで「さくら さくら」の音楽に合わせた振り付けをプログラムします。

●「We will rock you」のプログラム

「We will rock you」は、イギリスの伝説的なロックバンド、クイーンの代表曲の1つです。〈https://youtu.be/-tJYN-eG1zk〉の公式ビデオを見てみましょう。「ダンダン、ダッ、ダンダン、ダッ」というリズムが印象的です。
Sphero 社が作った「We will rock you」のプログラムでは、充電台の上に載った球形ロボットが、光とスピンの回転だけで、このリズムを表現します。曲に合わせて、このプログラムを実行してみましょう。

ブロックコードは、〈https://edu.sphero.com/remixes/2343209〉

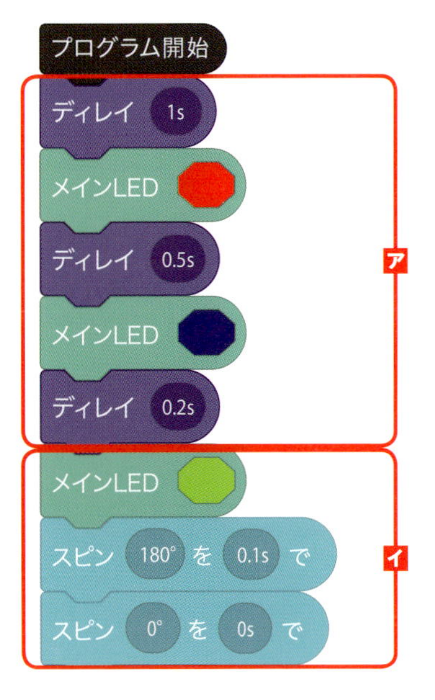

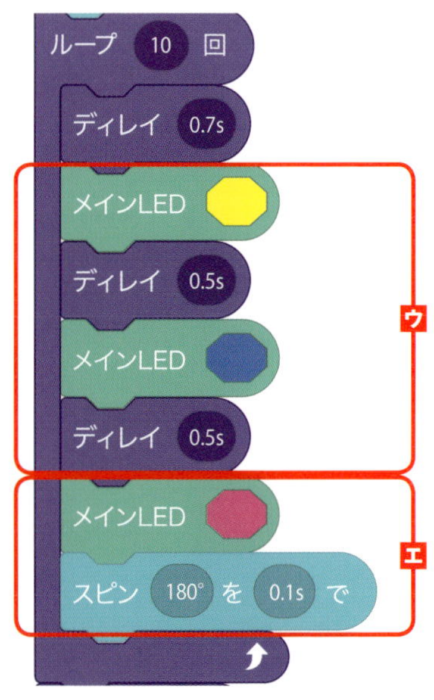

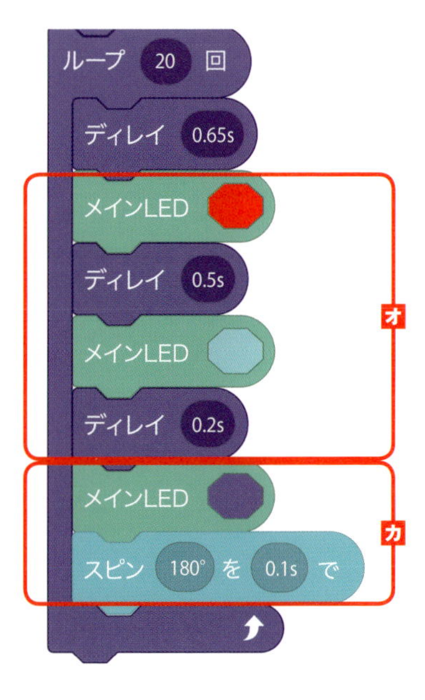

ア 前奏部分の最初の「ダンダン」は、「メイン LED」の色を赤と青に切り替えて、動きとして表現しています。

イ 続く「ダッ」の部分は、「メインLED」を黄緑に光らせるとともに「スピン」でロボットの内部が音に合わせてクルッと半回転します。

ウ 基本的に**ア**と同じです。「メインLED」の色を黄と青に変え、曲が進むにつれて微妙に変化する「ダンダン」の間隔に合わせて「ディレイ」ブロックにも調整を加えます。

エ 同じように「ダッ」にも曲の進行に合わせた調整を加え、**ウ**と**エ**のセットが「ループ」によって10回繰り返されます。

オ さらに微妙に変化していく曲に合わせ、色と間隔の調整が行われた「ダンダン」部分です。

カ 色が調整された「ダッ」です。**オ**と**カ**のセットが「ループ」によって20回繰り返されます。

●「さくら さくら」の振り付けをプログラムする

こちらの「さくら さくら」の曲に合わせた振り付けは、「さくら さくら やよいのそらは みわたすかぎり」の曲の冒頭部分のためのプログラムです。「さくら さくら」は静かでなめらかな曲なので、さくらの花びらをイメージしてピンク色に光り、回転し、弧を描いて移動するようにプログラムしてみました。まず完成したプログラムを「My プログラム」にコピーしましょう。

〈https://edu.sphero.com/remixes/2343185〉 

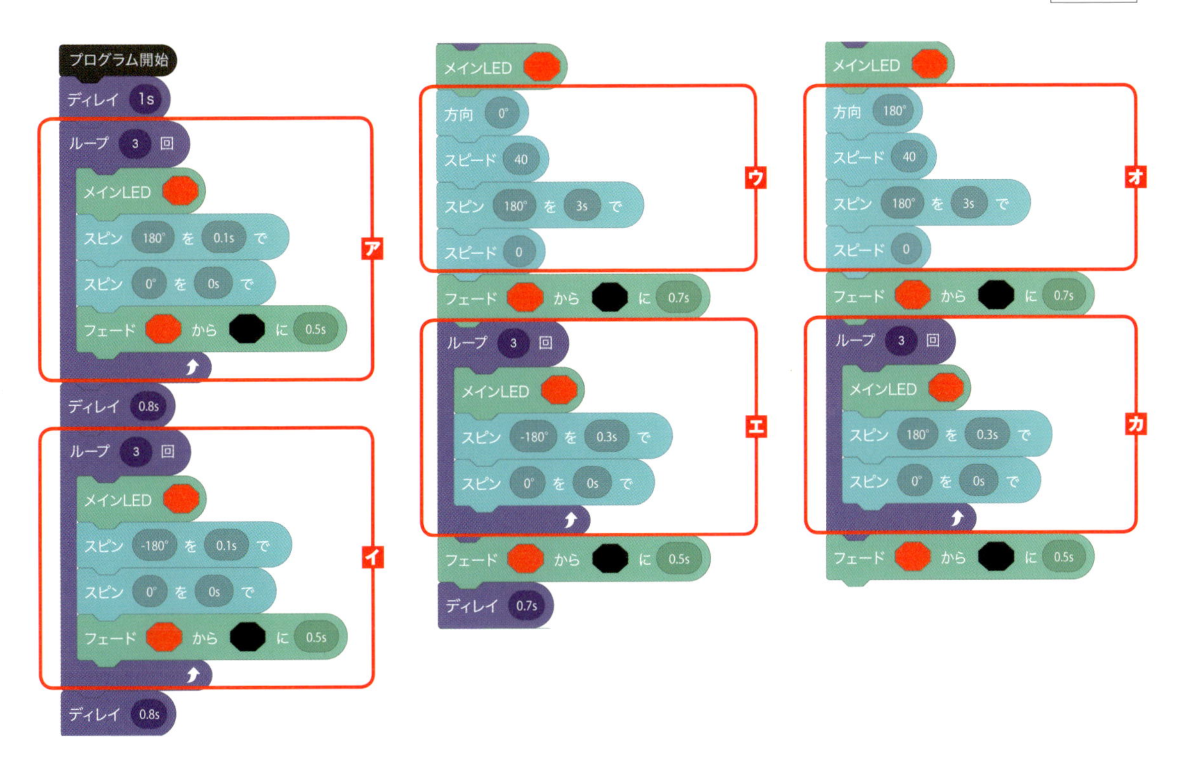

ア 最初の「さ〜く〜ら〜」の部分です。「スピン」ブロックで、ロボットが1文字ごとに半回転する動きを「ループ」で3回繰り返しています。

イ 続く「さ〜く〜ら〜」の部分です。基本的に**ア**と同じですが、「スピン」の回転方向を逆にしています。

ウ「や〜よ〜い〜の〜そ〜」の5文字のところは、ロボットが優雅に半円を描いて移動します。「スピン」は、「スピード」の設定がない状態で使うと、その場での回転ですが、ここでは0度の「方向」に40の「スピード」で走り始めてからスピンがかかるので、軌跡が上向きの半円形になります。

エ「そ〜ら〜は〜」の「ら〜は〜」の部分です。「スピン」ブロックで、ロボットが1文字ごとに半回転する動きを「ループ」で3回繰り返しています。

オ「み〜わ〜た〜す〜か〜」の5文字のところで、**ウ**と同じような動きをさせますが、「方向」を180度に設定したことで、ここでの軌跡は下向きの円弧になります。

カ「か〜ぎ〜り〜」の「ぎ〜り〜」の部分です。基本的に**エ**と同じですが、「スピン」ブロックの回転方向を逆にしています。自分で「さくら さくら」を歌いながら、ロボットを動かしてみてください。慣れてきたら、自分の好きな曲や自分で作った楽曲に合わせて、ロボットのダンスをプログラミングしてみましょう。

Work Sheet

自分で振り付けして、ダンスをプログラムしよう！

さあ、振り付けをしてみましょう。色や動きは、曲名や曲のイメージに合わせて自由な発想で作ってみましょう。曲をいくつかの特徴的な部分に分けて、それぞれの部分の秒数をストップウオッチで測りましょう。その秒数に「スピン」や「ロール」ブロックの継続時間を合わせましょう。ブロックでプログラムを作る前に、紙やノートなどにダンスの秒数とプランを書き出してみましょう。

時間（秒）	イメージ	実際の動き	具体的なプログラミング
2秒	パチパチと音がする	くるくる回る	スピン、薄いピンク
5秒	火が燃えるように	弧を描く大きな動き	速いスピードで、何度も円を描く、赤色

友だちと
パーティを
楽しもう！

Just do it! やってみよう 5

「SPRK+」で水遊び！

「SPRK+」は水の中でも、ぐんぐん動きます。手作りのいかだの材料は、軽いものがいいのかな？　水に浮くいかだの形はどんなものにする？「図工」が好きなら素晴らしいいかだが作れるはず。「SPRK+」を水に浮かべて遊ぶだけでも楽しい。

完全防水のロボット「SPRK+」なら いかだのレースもできる！

「SPRK+」は、完全防水。だから、水中で使っても大丈夫。動いたり、手作りのおもちゃのモーターがわりにもなる。写真のようないかだを作って、「SPRK+」を中に入れれば、動き出す！　いかだと「SPRK+」で遊ぼう！

いかだを動かしている「SPRK+」の水中写真。

「SPRK+」が水中でどんな動きをするのか、よく見てみよう。「SPRK+」は完全防水だから水に濡れてもOK（ただし、スマホやタブレットは、水で濡れた手で触らないように気をつけて）。

サイコロを作る

ボールロボット(「SPRK+」など)を、サイコロにします。サイコロの役割は、1から6までの数字をランダム(無作為)に出すことです。ロボットを回し、止まったところで、サイコロの数字を声で読み上げます。そして、同じ回数分「メインLED」を点滅させます。ロボットが2台あれば2個のサイコロの数字を読み上げることもできます。その場合に1個か2個のそれぞれの場合に合った動きをプログラミングするために、「条件分岐2」のブロックケを使います。

ブロックコードは、〈https://edu.sphero.com/remixes/2343178〉

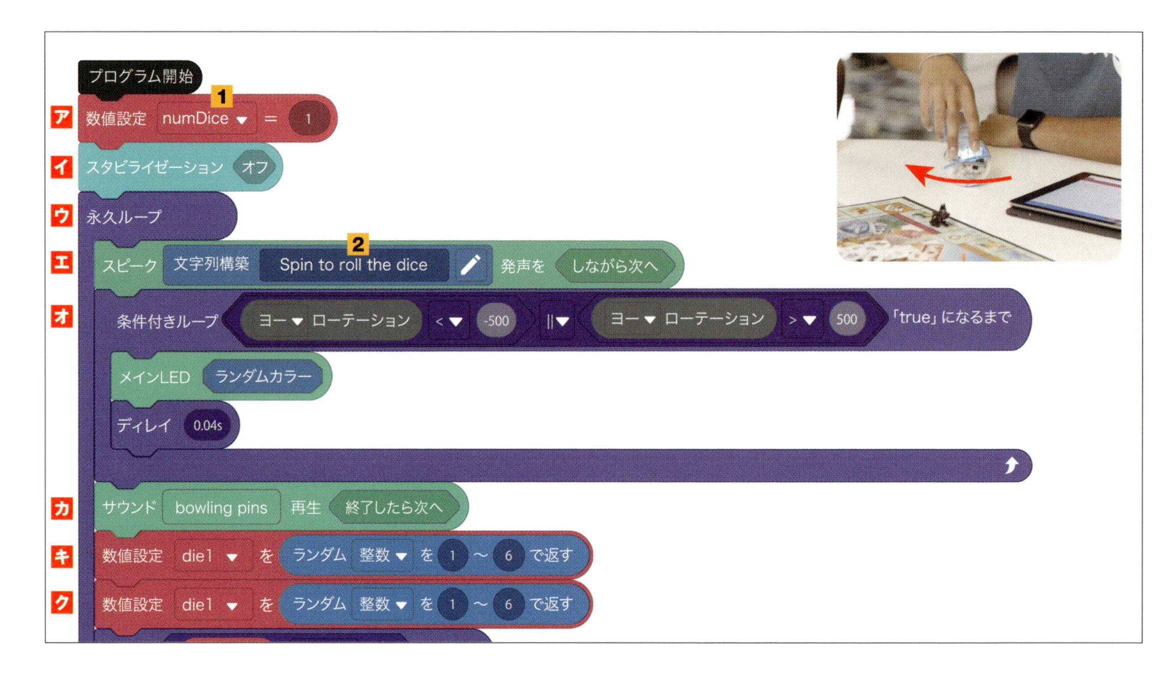

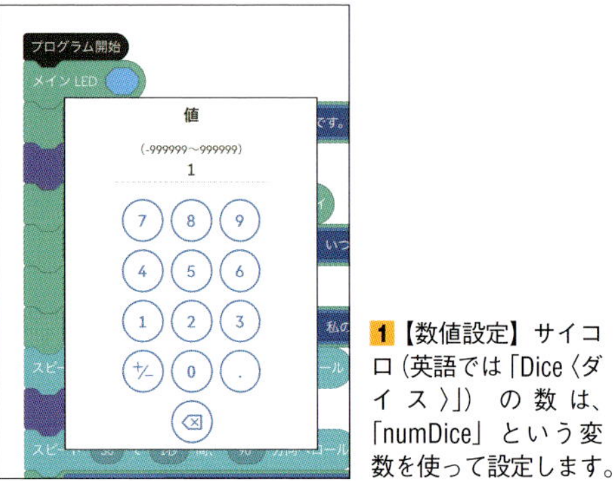

1【数値設定】サイコロ(英語では「Dice〈ダイス〉」)の数は、「numDice」という変数を使って設定します。

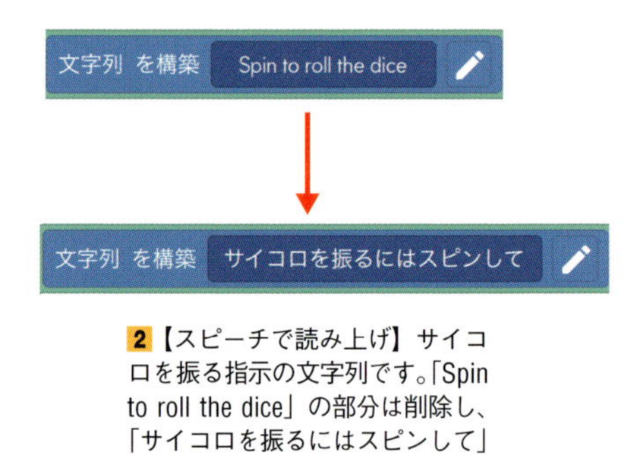

2【スピーチで読み上げ】サイコロを振る指示の文字列です。「Spin to roll the dice」の部分は削除し、「サイコロを振るにはスピンして」の日本語に書き換えました。

ア 最初に、サイコロの個数を決めます。このプログラムはサイコロ1個と2個の場合どちらかで使えるので、プログラム開始前に何個のサイコロを使うか決めて、1か2を入力します。ここでは「1」を入力しています。

イ サイコロを振るかわりに、ロボットをコマのように回転させます。回転をロボットが自動的に止めないように、「スタビライゼーション」機能を「オフ」にします。

ウ ここから先のブロックは、すべて「永久ループ」ブロックの中に入れます。すると、画面上部の「停止」をタッチするまで、ずっとプログラムが動き続けます。つまり、サイコロは何度でも自動的に振れます。

エ サイコロを振るように声で指示します。もとのプログ

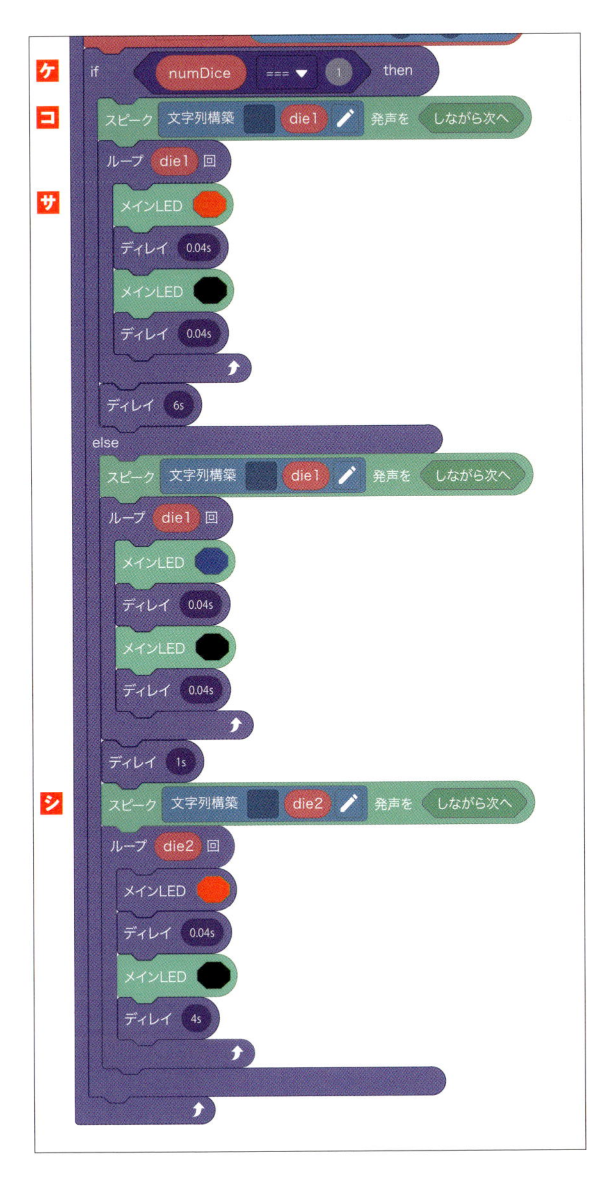

ラムでは英語による指示ですが、簡単に日本語で置き換えられます（左ページの2を参照）。

オ「コントロール」カテゴリーにある「条件付きループ」ブロックを使い、ロボットの回転速度（「ジャイロスコープ」の「ヨー」、つまり水平回転の値）が1秒間に500度（左右どちらの回転でもOK）を超えるまでは、「メインLED」をランダムに光らせながら待機します。回転速度が1秒間に500度を超えたら、カに移ります。

カ サイコロが転がる音を「ボウリングのピン」の音で代用しています。

キ 1つ目のサイコロの値を、1から6の間でランダムに設定しています。

ク 2つ目のサイコロの値を、1から6の間でランダムに設定しています。「numDice」の値が2、つまりサイコロが2個の場合にだけ、この2つ目の値を使うようになります。設定しても使わなければいいので、プログラムを簡略化するために、このような構成にしています。

ケ「コントロール」カテゴリーの「条件分岐2」のブロックは、『if「もし〜」、then「ならば〜する」、else「それ以外ならば〜する」』の命令を出します。サイコロの個数は、アで「numDice」に1か2のどちらかを設定しました。その値を「If」で判定して、1（サイコロが1個）ならばコのブロックに移る。それ以外（サイコロが2個）ならばシに移る、と2つの異なる条件により、次の動作が変わります。「numDice」に1が設定されているので、「then」のあとにくるコとサのブロックの命令が実行されます。

コ「スピーク」ブロックを使って、1個目のサイコロの目の数（変数「die1」の値）を読み上げます。「die1」の左隣の空白の部分は、読み上げる文字列を入れるためのスペースです。これは「スピーク」ブロックの設定時に自動的に付加され、削除することができません。ここでは、空白のまま残しておきます（空白部分は何も読み上げないので、処理には影響しません）。

サ 1個目のサイコロの数（変数「die1」の値）だけ、「メインLED」を赤く点滅させます。「メインLED」ブロックで設定された色はプログラムが停止するまで光り続けるので、点滅させるには「メインLED」の黒設定と交互に使います。

シ プログラムの最初に設定した「numDice」の値が2（サイコロが2個）の場合の処理です。コとサと同じですが、点滅する色のみ異なります。また、変数は「die2」になっている点以外は同じです。変数をうまく使って2個のサイコロのプログラミングが作成できます。まず、1個目のサイコロの目を読み上げて「メインLED」を青色に点滅させます。続けて、2個目のサイコロの目を読み上げて「メインLED」を赤色に点滅させます。

Mission

19 ロボットに演じさせよう ―ジャンプパーティ

ロボットに演じさせる物語を考えてみましょう。物語「Storytelling Function（ストーリーテリング・ファンクション）」プログラムは、このプログラム専用に作られた「関数」ブロックから作ります。「Walking（ウオーキング）＝散歩」や「Wolf（ウルフ）＝オオカミ」など、動きや音の「関数」ブロックを選んで並べるのです。まずは、お手本プログラムで「ジャンプパーティ」の作り方の基本を覚えましょう。

ブロックコードは、〈https://edu.sphero.com/remixes/2343174〉

●「ジャンプパーティ」の物語

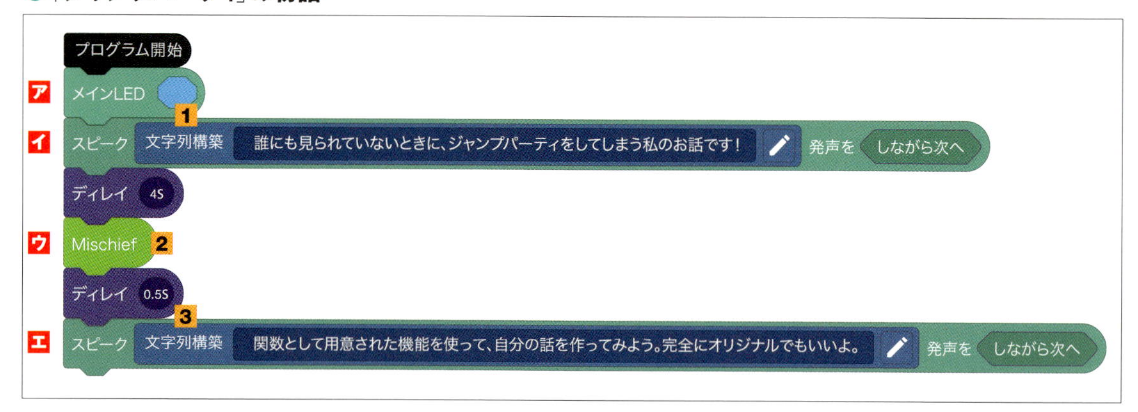

ア「プログラム一覧」から手本プログラム「Storytelling Function（ストーリーテリング・ファンクション）」を選び、表示します。このプログラムでは、すべての演技を「関数」ブロックが指示してくれるので、プログラムはとても短くできます。

イ「スピーク」ブロックを使ってロボットに声で「自己紹介」させます。「自己紹介」の時間設定は4秒になっています。自由に好きな秒数に変更できます。

ウ「Sphero Edu」アプリの「関数」の名前は、アルファベットでつけるルールになっています。ロボットがいたずら（跳び上がって踊る「ジャンプパーティ」）をする設定です。ここでは関数「Mischief（ミスチーフ）」を使います。この英語は、「悪気のないいたずら」という意味です。

エ最後の「スピーク」ブロックの中身は、「自分でお話を作ってみよう」というSphero社から皆さんへのお誘いです。

1【スピーク機能】「スピーク」ブロックの中身は、英文のみで書かれています（この図には日本語訳を追加してあります）。プログラムをスタートする前に、英文を削除して日本語に換えましょう。

2【Mischief（ミスチーフ）】ロボットに「ジャンプパーティ」をさせる関数です。詳しくは次ページに説明があります。

3【スピークを日本語に換える】最後の「スピーク」ブロックの中身です。お手本のプログラムでは英文なので、日本語にしましょう。

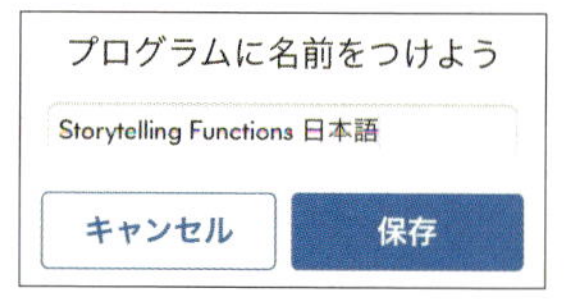

【プログラムに名前】Sphero社などが作った既存のプログラムに手を加えると、自動的に「Myプログラム」にコピーされます。その際、新しくつける名前をアプリに質問されます。ここでは、「Storytelling Functions 日本語」など、わかりやすい名前をつけて保存しましょう。

関数「Mischief（ミスチーフ）」の説明

「Mischief」は、特別に作られた関数ブロックの1つです。そのほかの特別な関数は、巻末に一覧があります。自分で考えた物語を、これらの関数を使ってロボットに演じさせることができます。左は、「Mischief」関数を使って「ジャンプパーティ」という物語をロボットに演じさせるプログラムです。

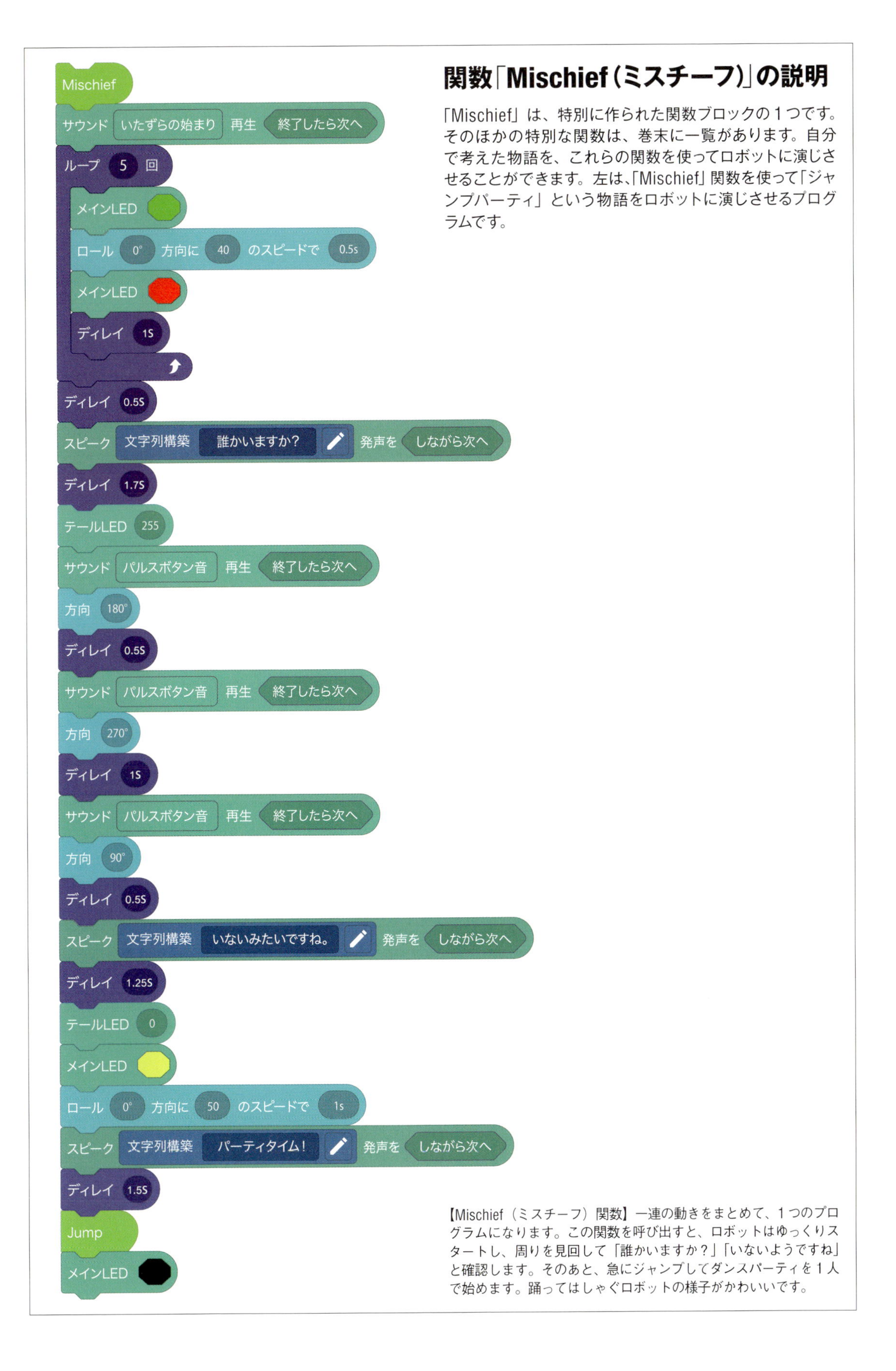

【Mischief（ミスチーフ）関数】一連の動きをまとめて、1つのプログラムになります。この関数を呼び出すと、ロボットはゆっくりスタートし、周りを見回して「誰かいますか？」「いないようですね」と確認します。そのあと、急にジャンプしてダンスパーティを1人で始めます。踊ってはしゃぐロボットの様子がかわいいです。

Mission

20 ロボットに演じさせよう —自宅紹介

物語を考えてみましょう。その物語をロボットに演じさせます。物語「Storytelling Function（ストーリーテリング･ファンクション）」プログラムは、このプログラム専用に作られた「関数」ブロックから選んで作ります。ミッション 19 の応用で「自宅紹介」の物語をプログラムで作ってみましょう。

ブロックコードは、〈https://edu.sphero.com/remixes/2343175〉

●プログラミングする前に準備する

物語の「関数」ブロックは、「Sphero Edu」アプリの「Storytelling Functions」のプログラムの中にあります。物語のプログラムを作るときは、必ず「Storytelling Functions」のプログラムから始めますので、以下のような準備作業をしておきましょう。

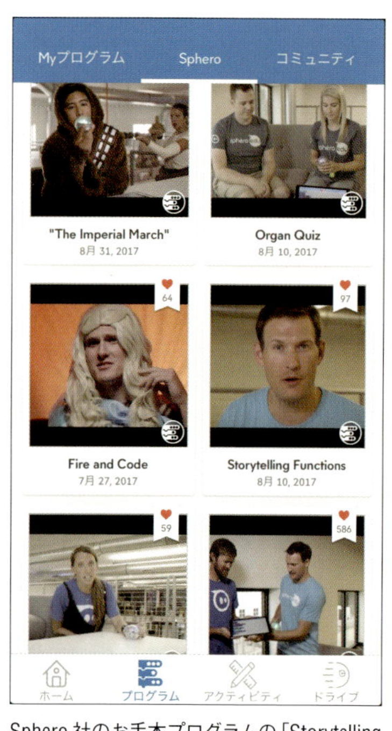

Sphero 社のお手本プログラムの「Storytelling Functions」をタッチします。

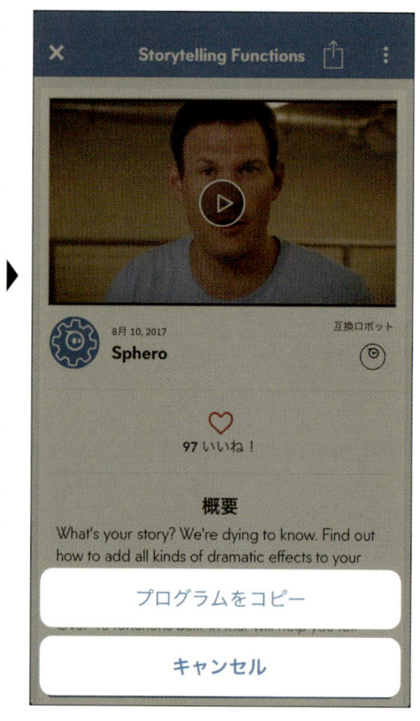

画面右上の「⋮」にタッチして、「プログラムをコピー」をタッチします。

コピーしたプログラムに名前をつけましょう。これは物語をプログラムするときにいつも使うものなので、「物語の基本形」と名前をつけましょう。

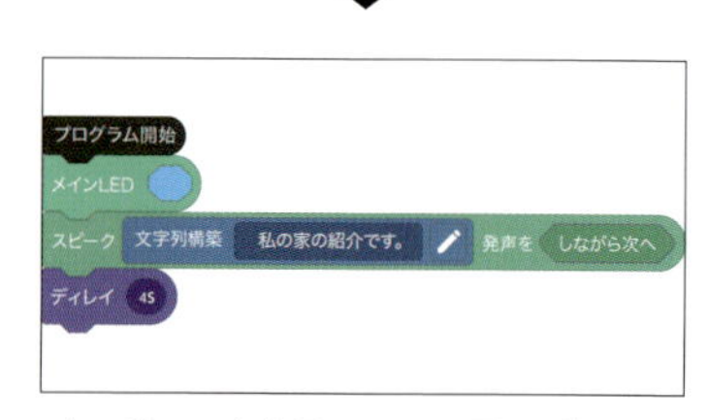

プログラムを表示して、不要なブロック（「Mischief」と最後の「スピーク」とその前にある「ディレイ」）を削除します。

●プログラミングしたい物語を作り、動きを考える

物語を作るときは、最初にアイデアを紙に書き出します。ロボットの動きと、ロボットが話すせりふ（台詞）を考えて、シナリオ（台本）を作ります。

たとえば、ロボットの「メイン LED」が青く光らせて、おうちの紹介を始めます。ドアのベルやお出迎えしてくれる犬の鳴き声が聞こえ、家に入って廊下を進み、自分の部屋をへ入っていく…とロボットに自分のかわりを演じさせて、案内してみましょう。

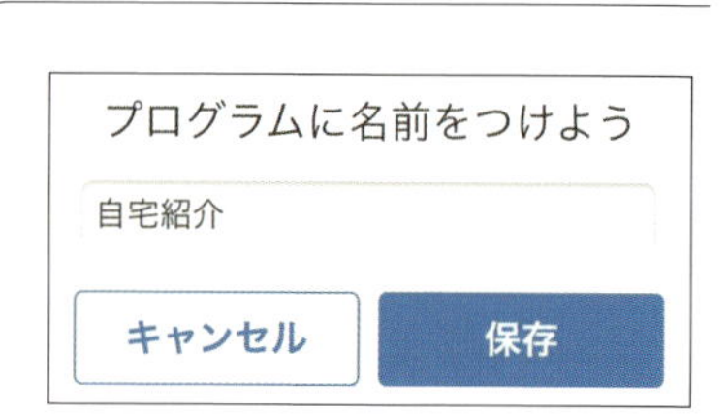

物語のシナリオをブロックプログラムに置き換えます。「物語の基本形」をコピーして、新しい名前（ここでは「自宅紹介」）をつけてから、プログラムしていきます。

「自宅を紹介しよう」プログラムの流れ

ア ロボットが演じる話の概要を説明します。

イ「ドアのベル」が鳴る効果音を入れてみました。

ウ ロボットが玄関から自宅の紹介をスタートします。

エ 台詞に合わせて、「イヌ」（犬）がほえる声を選びます。

オ 自分の部屋を紹介します。

カ ロボットが正面に向かって直進します。

キ ロボットが右折します。

ク 自分の部屋に入ったときの台詞を話させます。

ケ「Happy（ハッピー）＝幸せ」の関数を呼び出します。

コ「Jump（ジャンプ）＝跳ぶ」の関数を呼び出します。

サ 自分の部屋を紹介したら、次の部屋（リビングルーム）を説明します。

シ ロボットが右折したところまで戻ります（直前に、激しくジャンプしているので、着地の場所がずれて、正確な位置に戻らないこともあります）。

ス 再び正面方向に直進します。

セ リビングルームの夏について紹介します。

ソ「Fireworks（花火）」の関数を呼び出します。

タ リビングルームの冬について紹介します。

チ「Fire（火）」の関数を呼び出します。

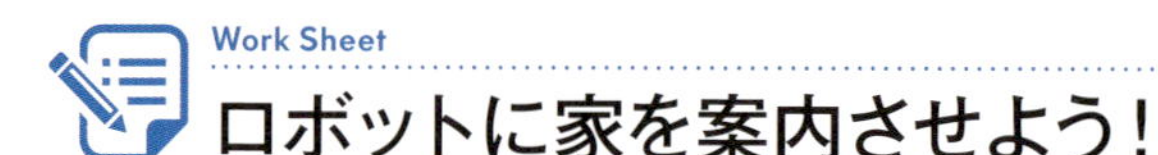

Work Sheet

ロボットに家を案内させよう！

友だちが家に遊びに来ることになりました。さて、どのように家の中を案内しますか？ ロボットに楽しく案内させるプログラムを作ってみましょう。

①まずは、鉛筆とノートを用意しましょう。

②ノートに、家の部屋の地図を描いてみましょう。たとえば、玄関から、リビングルーム、寝室、子ども部屋などを、定規を使って描いてみましょう。

③部屋の中には、何がありますか？ ノートに書き出してみましょう。たとえば、「玄関には大きな靴箱があります」「リビングルームは明るくて、犬が寝ています」「寝室にはプラネタリウムがあり、星を見ることができます」「子ども部屋には、ゲーム機があります」「お父さんの部屋は、たくさんの本があります」など。

④家の部屋案内は、「関数」ブロック を使えば簡単にプログラミングできます。たとえば、「リビングルームには犬がいるから」＝「関数」ブロック「Dog（イヌ）」を使う。本書の付録の関数「ロボットに演じさせる」の中から選んで書いてみましょう。

玄関＝「関数」ブロック「　　　　　　　　　　」を使う。

廊下＝「関数」ブロック「　　　　　　　　　　」を使う。

キッチン＝「関数」ブロック「　　　　　　　　　　」を使う。

リビングルーム＝「関数」ブロック「　　　　　　　　　　」を使う。

⑤ノートに書き出したメモを見ながら、「Sphero Edu」アプリでプログラミングしてみましょう。
＊前ページのお手本のプログラムを参考にして作ると、簡単にできます。

⑥プログラムをスタートして、ロボットに家を案内させてみよう。ロボットの動きや効果音はばっちりですか？ もし、うまくロボットが案内できなければ、関数や数値を変えてから、もう一度スタートさせてみましょう。友だちをびっくりさせるロボットのプログラムができるまでチャレンジを続けてください。

家の案内は
うまくできた？

「JavaScript」でプログラミング

「Sphero Edu」アプリのプログラミングは、「ドロー」から始めて「ブロック」に進み、最終的には「テキスト」で本格的なプログラミングができるように設計されています。上級者やプロフェッショナルは、ほとんどが「テキスト」でプログラミングします。「Sphero Edu」アプリの「テキスト」は、「JavaScript（ジャバスクリプト）」と呼ばれるプログラミング言語を使い、キーボードから文字や数字を打ち込みます。「JavaScript」はインターネットのWebサイトを作ったり、さまざまな電子機器を制御したりするためによく使われています。世界で普及しているプログラミング言語の1つです。

```
スタート  AIM

 1 var LastClickYaw = 0;
 2
 3 // SET THE NUMBER BELOW TO 4 FOR THE CC
 4 // SET THE NUMBER BELOW TO 8 FOR THE 8
 5 var divisions = 4;
 6
 7 var AngIntent = 360 / divisions;
 8 var lastYaw = 0;
 9 var maxWrongSteps = Math.floor(divisior
10 var lastClickDir = 0; // -1 = CW, 1 = C
11 var curTargetIndex = 0;
12 var wrongSteps = 0;
13 var currentValue = 0;
14 var updateState = checkForClick;
15 var kShakeThresh = 3.0;
16 var kShakeStopThresh = 1.25;
17 var kNumFlashes = 3;
18 var kRollPitchThresh = 25.0;
19 var kRollPitchGuard = 25.0;
20 var kRollPitchStopThresh = 12.0;
21 var kWhichNumber = ["first", "second",
22 var inputs = [];
23 var lastClickVal = -1;
24
25 // CHOOSE UP TO 8 targetValues. BE SURE
26 // COLOR LOCK: 0 = BLUE, 1 = GREEN, 2 =
27 // FOUR DIRECTION LOCK: 0 = UP/NORTH, 1
28 // EIGHT DIRECTION LOCK: 0 = N, 1 = NE,
29 var targetValues = [1, 3, 1, 2];
30
31 // CHANGE THESE TO SET THE DIRECTION (I
32 // -1 = CW, +1 = CCW
33 var targetDirs = [-1, +1, -1, +1];
34
35 async function startProgram() {
36
37     setStabilization(false);
38     setBackLed(255);
39     await startGame();
```

「Sphero Edu」で「JavaScript」は上級者のプログラミング

「JavaScript」は、テキストによるプログラミングです。たとえば、ロボットに「こんにちは」と言わせて、「メインLED」のRGB（赤・緑・青）の値をそれぞれ「0・0・255」に設定し、「スピード」を「60.0」にして走らせ、2秒たったら、「スピード」を「0」にして止めるというプログラムを「JaveScript」で書くと、右のようになります。「JavaScript」でプログラミングができるレベルに到達したら、オンライン上にあるSphero公式の概要説明（英語）を参考にしてみましょう。

```
async function startProgram() {
    await speak(" こんにちは ", true);
    setMainLed({ r: 0, g: 0, b: 255});
    setSpeed(60.0);
    await delay (2.0);
    setSpeed(0.0);
}
```

「SPRK+」向けのテキストプログラミングのプログラムを選ぶ画面。

「JavaScript」でのプログラミングのガイド

https://sphero.docsapp.io/docs/get-started

「Sphero Edu」アプリでは、「プログラム」→「Sphero」の画面から、一番上の右から2番目にある漏斗型のアイコンをタップして、左の画面を出します。「Text」と「Sphero」を選択してから「適用」をタップすると、「テキストプログラミング」の画面が出てきます。そこで実際の「JavaScript」の中身を見ることができます。

「アクティビティ」→「Sphero」を選ぶと、「テキストプログラミング」に関する具体的な説明（英語）が出てきます。プログラミング上級者になったら下記のアイコンをクリックして説明を見てみましょう。

Spheroコネクテッドトイを動かす

「Sphero Edu」アプリで動かせるロボットの仲間たち

「SPRK+」をはじめ Sphero 社のロボットの多くが、「Sphero Edu」アプリでプログラミングできます。そんなロボットの仲間たちをご紹介します。

透明なシェルで中身の動きがよくわかる「SPRK+（スパークプラス）」は、最新のテクノロジーで開発されたボール型のロボットです。完全防水でとても丈夫なため、子どもたちが少々乱暴に扱っても簡単には壊れません。プログラミング教育の教材として、世界中の多くの学校や家庭で使われています。

「Ollie（オリー）」は、車輪型のロボットです。車輪を生かしたアクロバット的な動きができます。ボール型のロボットとは動き方が違いますが、「Sphero Edu」アプリでプログラミングができます。本書のミッションはボール型のロボットを想定して作られているので、車輪型のロボットではできないことがあります。

「Sphero 2.0（スフィロ 2.0）」は、「SPRK+」の原型となったボール型のロボットです。シェルは白色で中身を見ることができませんが、これも完全防水で丈夫なロボットです。「Sphero Edu」アプリで、「SPRK+」と同じようにプログラミングできます。

「Sphero Mini（スフィロ ミニ）」はボール型のロボットです。卓球の球くらいの大きさで、Sphero 社のロボットの仲間の中では最小です。価格もお求めやすい価格で、入門用に向いています。「SPRK+」と同じように「Sphero Edu」アプリでプログラムができます。小さなボディの色は5色です。

「SPRK+」の特徴

○頑丈な透明なシェルにメカが密閉され、耐久性が高く、完全防水です。絵の具をつけてお絵描きしたり、水中でレースしたりして遊べます。
○シェルが透明なので、モーターなどのメカニズムの動きや LED の光が外から見られます。
○強力なモーターを搭載し、高速（最大秒速2m）で移動できます。モーターを全開にするとジャンプすることも可能です。
○充電台に載せるだけで充電が簡単。準備や片づけに手間がかかりません。

「Sphero Mini」の特徴

○シェルは防水仕様ではなく、絵の具でお絵描きや、水中でレースはできません。
○「Sphero Mini」専用アプリを使えば、楽しい遊びやゲームができます。
○「Sphero Edu」アプリで動かす場合、「SPRK+」に比べてサイズやモーターのパワーが小さいので、移動するスピードが異なります。
○価格が手ごろです。プログラミング学習の初期費用が抑えられます。
○充電はシェルを開いて、Micro USB ケーブルをつなぎます。

Sphero Miniで遊ぼう

Sphero社のロボットの中でもっとも小型･軽量なのが「Sphero Mini」です。「SPRK+」と同様に、「Sphero Edu」アプリで本格的なプログラミングが行えるだけでなく、専用アプリでは楽しく遊べる操作モードやゲームが用意されています。卓球の球のくらいのサイズなので、机やテーブルなど小さなスペースでも十分に遊べます。ただし、「SPRK+」のような防水仕様ではないので、その点を注意しましょう。

「Sphero Mini」アプリのインストールと接続

iOS（iPhone、iPad）
App Store

Android
Google Play

Amazon Fire OS、Google Chrome OSでも、「Sphero Edu」をインストールしてプログラミングが可能です。

まずはスマートフォンやタブレットに専用アプリをインストールします。アプリストアで「Sphero Mini」と検索、もしくは左のQRコードを読み取ってください。アプリは無料です。

左／画面の案内に沿ってインストールを進めてください。マイクやカメラへのアクセスを求められたときに「OK」を選択すれば、後に紹介する「フェイス・ドライブ」や「スクリームドライブ」が楽しめます。利用規約を確認後、「承諾する」をタップ。次に、年齢をスライドバーで選択して、「続ける」をタップします。右／メールアドレスを入力するとお知らせが届くようになりますが、画面下の「いいえ、結構です」をタップすればパスできます。

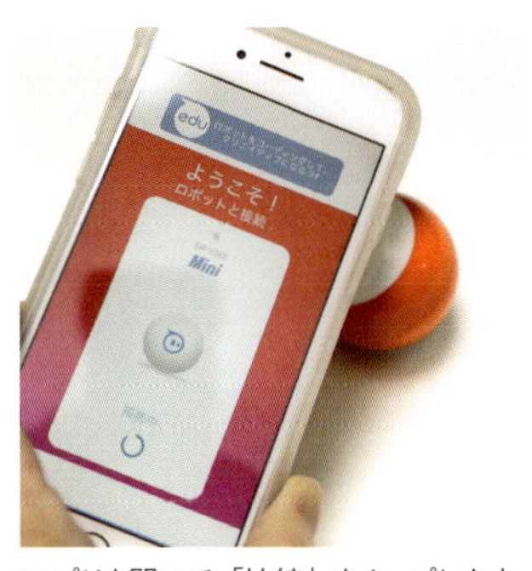

アプリを開いて、「接続」をタップします。次に「Sphero Mini」に近づけると自動的に接続します。接続にはBluetooth（無線）を使用しますので、あらかじめスマートフォンやタブレットの設定でBluetoothをオンにしておきましょう。

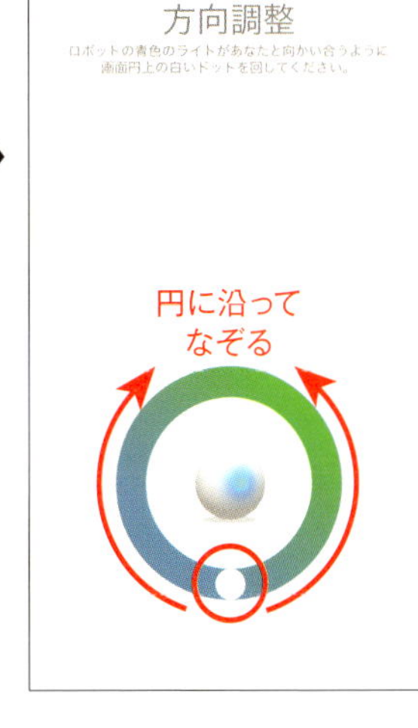

接続に成功すると、方向調整の画面が表示されます。「Sphero Mini」を床に置き、画面下の白い「●」を指で円に沿って回転させます。その動きに応じて、「Sphero Mini」の青いLEDが回転します。光が自分の側に向いたら指を離します。

操縦モードは全6種類!

「Sphero Mini」の操縦モードは全部で6種類。方向調整を設定すると、まずはもっともシンプルな操縦モード「ジョイスティック」の画面が表示されます。そのほかの操縦モードに変更するには、画面左下の「+」をタップし、一覧の中から選択します。

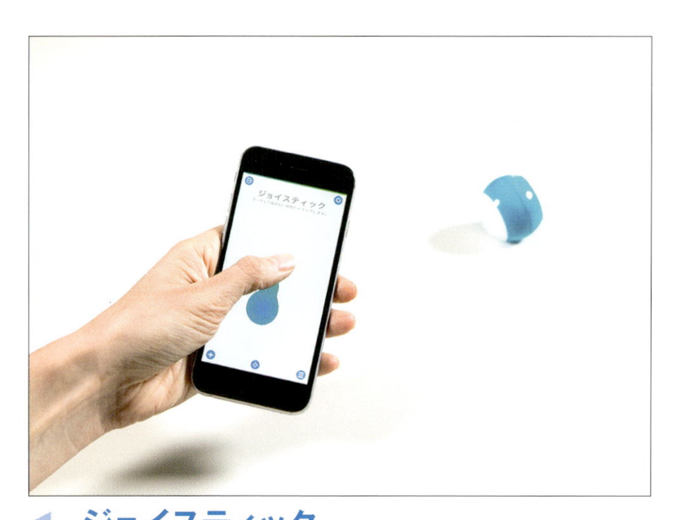

1 ジョイスティック

画面の青い「●」を触ってスライドする方向に「Sphero Mini」が走ります。画面の上のほうにスライドすれば前方へ、下方向なら後方(手前)へ進みます。もちろん斜め方向にも走りますし、連続して絵を描くように走らせることもできます。遊んでいて、思った方向に進まなくなったら、再度方向調整を行ってください。方向調整は画面下の緑のマークから再設定可能です。

2 スクリームドライブ

ジョイスティックモードと同様、動かしたい方向に「●」をスライドさせますが、声を出すことで「Sphero Mini」を走らせます。声が大きければ大きいほど、ジョイスティックの周囲の円が大きくなり、「Sphero Mini」が速く走ります。床などにコースを作って、友だちと競走すれば盛り上がること間違いなしです。

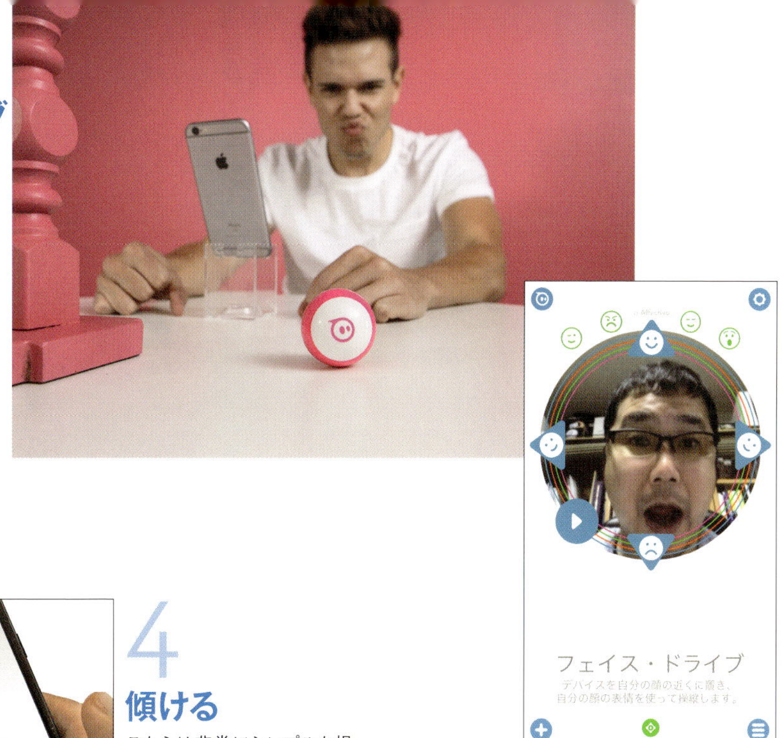

3 フェイス・ドライブ

顔の表情で「Sphero Mini」をコントロールできます。カメラに向かって口角を上げて笑うと前進、首を左右に傾けると首を傾けた方向に進みます。への字の形の口をして悲しい表情をすると後退します。また、怒った表情をすると、「Sphero Mini」が黄色く光り、悲鳴を上げて逃げていきます。ほかにも、驚いた表情、ウィンク、いないいないばあなど、表情に合わせてさまざまなリアクションが用意されています。

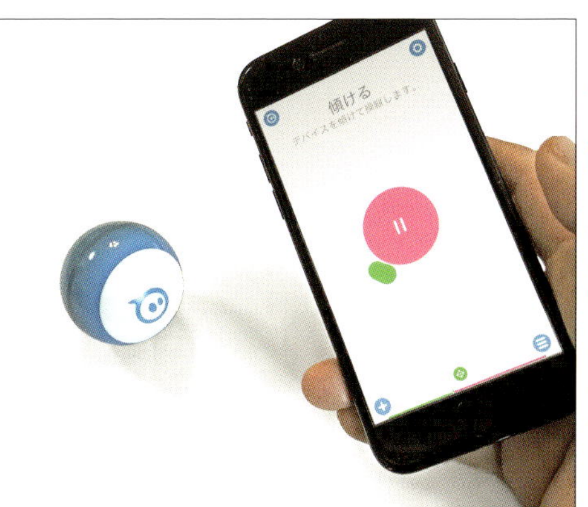

4 傾ける

こちらは非常にシンプルな操作モード。スマートフォンを地面と平行に持って、傾ける方向で「Sphero Mini」を動かします。スマートフォンを向こう側（上部を下）に傾けると前進、左側を下に傾けると左に進むという具合です。スマートフォンの画面に「Sphero Mini」が乗っていると考えると理解しやすいでしょう。

5 スリングショット

画面の「●」を引っ張るように動かしたあと、指を離すと引っ張った方向と反対の方向に「Sphero Mini」が動きます。ビリヤードやゴムで弾を飛ばすパチンコにも感覚は似ています。付属のピンを倒すゲームも楽しいです。

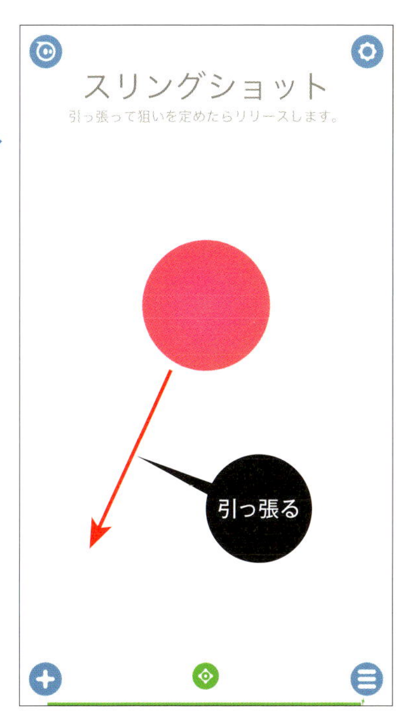

「Sphero Mini」の充電方法

「Sphero Mini」の駆動時間は約45分。スリープモードで3日間ほど持ちます。バッテリーが少なくなると、LEDが赤く光るので充電してください。シェルの割れ目部分を指でやさしく押すと、半分に割れるので、中の本体を取り出し、付属のUSBケーブルを接続して充電します。充電中は青のライトが点滅、フル充電になると点滅が止まります。

6 キック

「Sphero Mini」のもっとも新しい操縦モードが「キック」です。ボールをキックするといえばサッカー。指で蹴るように画面上のボールを弾くと、その方向や強さに応じて「Sphero Mini」が転がります。また、指で画面をカーブさせるようになぞると、そのとおりに転がります。さらに、転がっているときに画面を指でポンと叩くと、「Sphero Mini」が転がるのをやめます。紙の箱などをサッカーのゴールに見立ててシュートすれば、サッカー選手のような気分に。2つの「Sphero Mini」で友だちとプレーすれば盛り上がるでしょう。

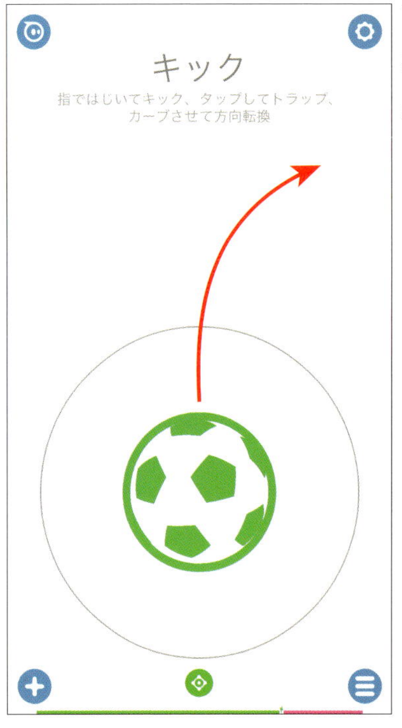

画面のボールを指で弾いた方向に「Sphero Mini」が転がります。速く動かせば、その分速くなります。また、カーブを描くように指でなぞれば、「Sphero Mini」もカーブします。

新機能はアプリのアップデートで追加されます

もし、新しい操縦モードが選べない場合は、「Sphero Mini」アプリをアップデートするとともに、「Sphero Mini」本体のファームウェアも更新してください（これはアプリを開くと自動で実施されます）。今後も、新しい操縦モードやゲームなどがアップデートにより追加される予定です。

「Sphero Mini」だけで遊べる「デスクトイ・モード」

スマートフォンなどを使わず、「Sphero Mini」単体で遊べるのが「デスクトイ・モード」です。アプリに接続せず、「Sphero Mini」を手に持ってシェイクするとデスクトイ・モードがスタートします。テーブルの上などに置くと勝手に走り回りますので、手でブロックし逃げないようにします。テーブルの上から落ちる、もしくは1m以上真っすぐ走って逃げたら赤く光って「Sphero Mini」の勝ち。1分30秒間ブロックし続けたら、緑に光りプレーヤーの勝ちです。

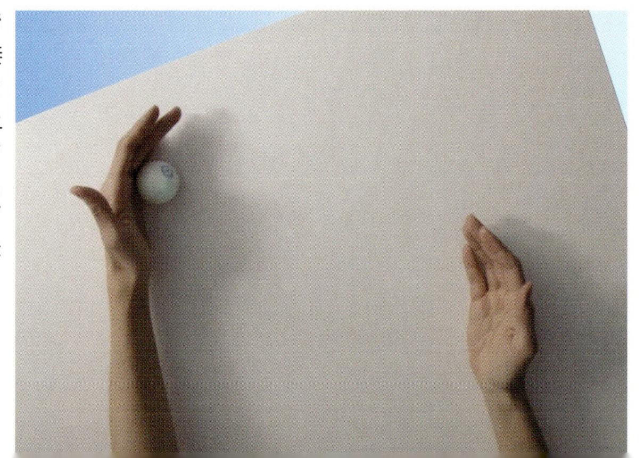

「Sphero Mini」をコントローラーとして使うゲームが3種類

1 ライトスピードドリフター

「Sphero Mini」で自動車をコントロールするレースゲーム。トンネルの中を障害物を避けながら走行。現れるブーストパッドの上を通過すると加速してポイントとなります。

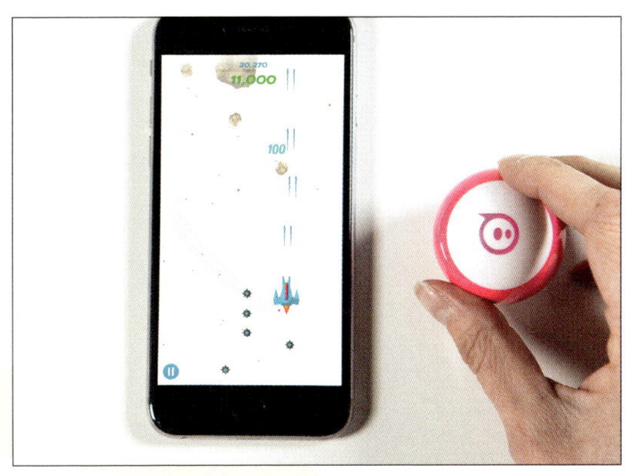

2 エグザイルII

向かってくる小惑星や敵の宇宙船を破壊して点数を稼ぐシューティングゲームです。「Sphero Mini」をテーブルなどに置いて、上下左右に転がすことで自分の宇宙船を動かします。大人には懐かしさ、子どもには新鮮さを感じさせるシューティングゲームです。

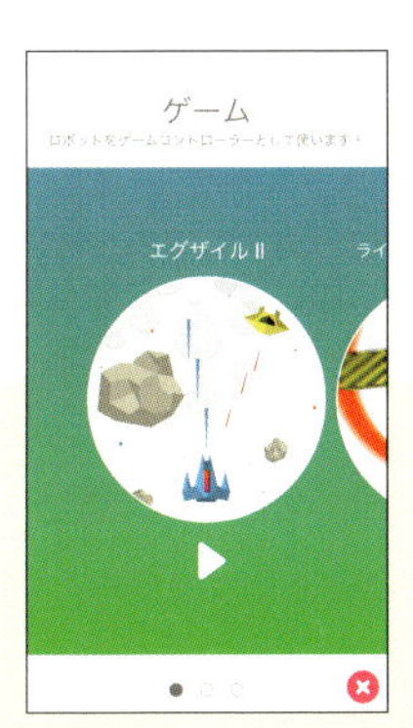

「Sphero Mini」アプリには、「Sphero Mini」をコントローラーとして用いるゲームが3種類入っています。プレーするには、アプリの画面、右下の「三（正確には横棒3本）」をタップし、ゲームを選択します。

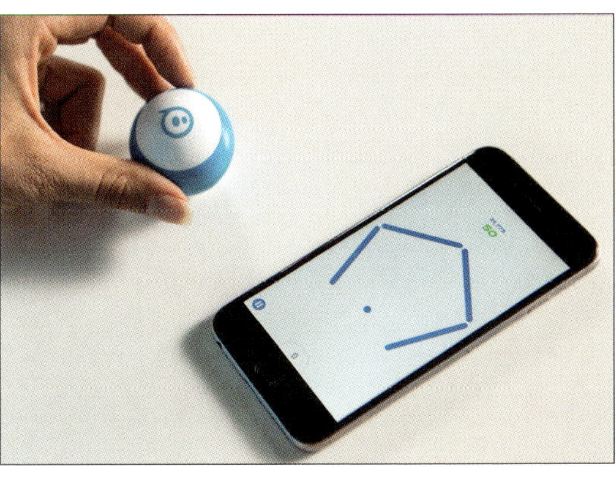

3 ラウンドトリップ

「Sphero Mini」で多角形を回転させて、ボールをぶつけて破壊するとポイントになります。壁にはね返ったボールに合わせて回転させる反射神経が必要とされるパズルゲームです。

「ドロイド」を専用コマンドで動かす

Sphero 社は、映画『スター・ウォーズ ™』に登場する「アストロメク・ドロイド」(宇宙船や戦闘機の修理&整備用のマシン、「BB-8™」など)のロボットを開発しました。これらの「ドロイド」の特徴を生かすために、映画の中で見せる動きのイメージをロボットに再現させる「専用コマンド」が用意されています。もし、Sphero 社のドロイドのロボットをお持ちなら、「Droid Animations」をぜひ試してみましょう。スマホやタブレットで無線(Bluetooth)接続すれば、「ドロイド」のキャラクターに合ったジェスチャーをさせることができます。たとえば、「BB-8™」の専用コマンド「ワクワクハッピー」では、ドロイドに「恐れ」や「生意気」なジェスチャーをさせることができて、とても楽しいです。

ブロックコードは、〈https://edu.sphero.com/remixes/2343187〉

```
プログラム開始
if ロボットは BB-8 です then
  スピーク 文字列構築 Searching animation 発声を しながら次へ
  BB-8 検索中 アニメーション
  スピーク 文字列構築 Giddy animation 発声を しながら次へ
  BB-8 ワクワクハッピー アニメーション
if ロボットは BB-9E です then
  スピーク 文字列構築 Scan sweep animation 発声を しながら次へ
  BB-9E スキャンスイープ アニメーション
  スピーク 文字列構築 Angry animation 発声を しながら次へ
  BB-9E 怒り アニメーション
  スピーク 文字列構築 Greetings animation 発声を しながら次へ
  BB-9E 挨拶 アニメーション
if ロボットは R2-D2 です then
  スピーク 文字列構築 Scared animation 発声を しながら次へ
  R2-D2 恐れ アニメーション
  スピーク 文字列構築 Confient animation 発声を しながら次へ
  R2-D2 自信 アニメーション
  スピーク 文字列構築 Ion blast animation 発声を しながら次へ
  R2-D2 イオンブラスト アニメーション
```

タップして日本語で文字を入力すると、デバイスのスピーカーで日本語を読み上げます。

プログラミング教育には、キャラクターのついていない「SPRK+」や「Sphero Mini」が推奨されています。しかし、これらの「ドロイド」をすでにお持ちなら、プログラムを作ってみてはいかがですか。Sphero 社の「ドロイド」たちも「SPRK+」のように「Sphero Edu」アプリでプログラミングができるように作られています。

「BB-8™」

Sphero Eduを教材として使う

Sphero Edu & SPRK+
学校や教科ごとの活用事例

2020年からの小学校でのプログラミング必修の学習指導要綱を受け、先進的な学校や教育委員会、関心をお持ちの先生方は、プログラミングを授業で取り入れています。そのような実験的な取り組みをしているクラスでは、すでに成果が上がっており、プログラミング以外の学習にも好影響をもたらしています。ここでは、実際に授業でどのように「Sphero Edu」アプリが活用されているのかを紹介します。ご自身の教育現場やご家庭でのプログラミング学習のヒントにしてください。

Sphero社のロボットは、すべての年齢、授業、および科目に柔軟に適応することができます。したがって、授業への導入は、先生がプログラミングの専門家でなくても構いません。特に、「SPRK+」は、動きや方向、光る色、センサー制御の反応など、児童や生徒が直感的に特定の機能を実行し、創造的にプログラミングできるように作られています。そのため、先生と子どもたちは、手軽にSTEAM学習を始められます。迷路を作ってそこをかいくぐったり、絵を描いたり、太陽系の惑星の動きを再現したり、水の上を転がしたり、ダンスパーティだってできます。先生と子どもたちのアイデア次第で使い方は無限大です。

Sphero Eduは、世界中で使われている

- 160万の「Sphero Edu」アプリのダウンロード
- 2万校以上が、Sphero Eduを使用
- 3万人以上の先生が、Sphero Eduを使用

●小学校

「SPRK+」は幼稚園から小学校までSTEAMを含むすべての教科に組み込むことができます。たとえば、小学校では太陽系を再現したり、物語の中でキャラクターをプログラミングしたり、幾何学的図形を描いたりして、21世紀型スキルを育成しながらプログラミングの概念を理解していきます。この活動を通して子どもたちは、エンジニアのように考え、行動することを学びます。また、実社会の問題や教育の4C(コラボレーション、コミュニケーション、創造性、批判的思考)に触れることができるのです。

●中学校・高校

中学校・高校では、論理的思考、デザイン思考、コンピュータサイエンスなど、より高度な概念を「Sphero Edu」アプリや「SPRK+」を通して学ぶことができます。複雑な変数やセンサーを用いたプログラミングによって、生徒たちは学習を次の段階に進めることが可能です。また、コーディング言語であるJava Scriptを使ったテキストプログラミングの基礎を身につけられるのも、「Sphero Edu」アプリの優れた点です。

●プログラム単体から
アクティビティへの広がり

「Sphero Edu」アプリやコミュニティには、先生が使えるツールが数多く用意されています。活用はスマートフォンやタブレットからでも、PCからでも可能です。まずは、インターネットで下記のURLにアクセスしてみてください。Sphero社が作成したプログラムや世界中のユーザーが投稿したプログラムがたくさんあり、それらを参照したり、スマートフォンにダウンロードして試すことができます。

実際にどのように使われているか、動画で見てみよう。
https://edu.sphero.com/cwists/category

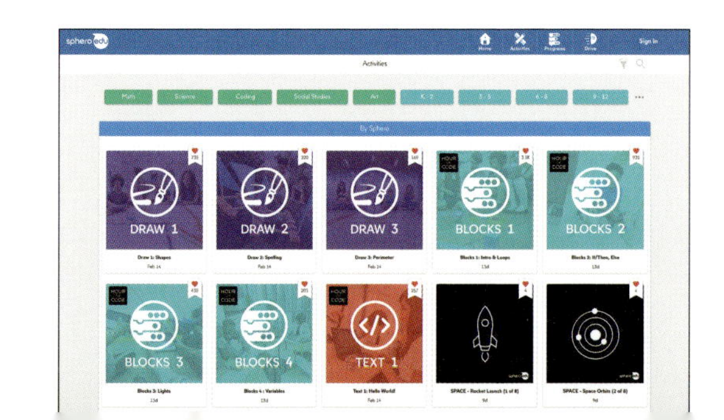

事例 算数での活用

2020年度から採用される新学習指導要領では、小学校算数の5年生「B図形」、正多角形の作図を行う学習に関し、「正確な繰り返し作業を行う必要があり、更に一部を変えることでいろいろな正多角形を同様に考えることができる場面などで取り扱うこと」と示されています。これはプログラミング体験を使った学習が最適であり、もっとも「SPRK+」のよさが発揮される場面です。

まずはBLOCKSの1を使って、正方形を作図するプログラムを体験させましょう。ここで児童は正確な繰り返しで正多角形が描けること、正多角形は角度、辺の長さがすべて同じだということに気づきます。繰り返しの回数が、辺の数や頂点の数と一致することに気づかせることが重要です。次に先生から、「じゃあ、五角形を描くプログラムにしてごらん」と問いかけます。これが「一部を変えることでいろいろな正多角形を同様に考えることができる場面」です。辺の数が1つ増えるから繰り返しも1回多くなり、正方形で90度回転させていたところを何度にすればいいかを考えます。思考を助けるためにホワイトボードなどを用意して説明したり、児童に自分でノートに書かせたりするといいでしょう。

子どもたちはまず五角形を描き、角度を考えていくと外角の存在に気づきます。次に話し合って予想を発表、説明させてから、プログラムを書き換え、実際に「SPRK+」を動かして確かめます。このように、「正多角形を描くというプログラミングの体験を通して、図形の性質を見出す」ことが、算数の狙いを達成する学びになります。

この学習の発展として、既習の正三角形、これから学ぶ正六角形などを考えさせることもできます。実際にプログラムしてみると、辺の長さが同じであれば、頂点が増えるほど大きくなるため、辺を短くしないといけないことに気づきます。これは、デバイスの画面でプログラミングして、実際に物「SPRK+」を動かして目で確かめるからこそ実感できることです。また図形を描く際には、ただ動かすだけでなく、絵の具をつけて模造紙の上で動かし図形を描くようにすれば、学習者の興味関心を高められるでしょう。

事例 理科での活用

新学習指導要領では小学校理科６年生の「A物質・エネルギー」において、「電気の性質や働きを利用した道具があることを捉える学習など、与えた条件に応じて動作していることを考察し、更に条件を変えることにより、動作が変化することについて考える場面で取り扱うもの」というプログラミング体験の例示があります。

理科においては、「SPRK+」のさまざまな動きをシミュレーションする活動が効果的です。たとえば、６年生の「月と太陽」の発展的な学びとして、プログラミングで天体の動きをシミュレーションすることが可能です。

まずは天体の動きを実際に調べて理解した後、それをどのように「SPRK+」で表現するか考えさせます。アクティビティ→ Sphero にある Planetary Motion を活用するといいでしょう。できれば、体育館のような広い場所で動かしてみることが効果的です。また、この活動は中学校の授業内容でも活用可能です。

６年生の「人の体のつくりと働き」では、血液の動きをシミュレーションすることが効果的です。心臓の働きで血液が体内を巡る様子を、「SPRK+」の動きによって平面上でシミュレーションします。シートに心臓、静脈、動脈の図を描き、そのシート上で「SPRK+」を血液の動きと同様に動かすことにより、血液の循環のしくみをイメージすることが期待されます。

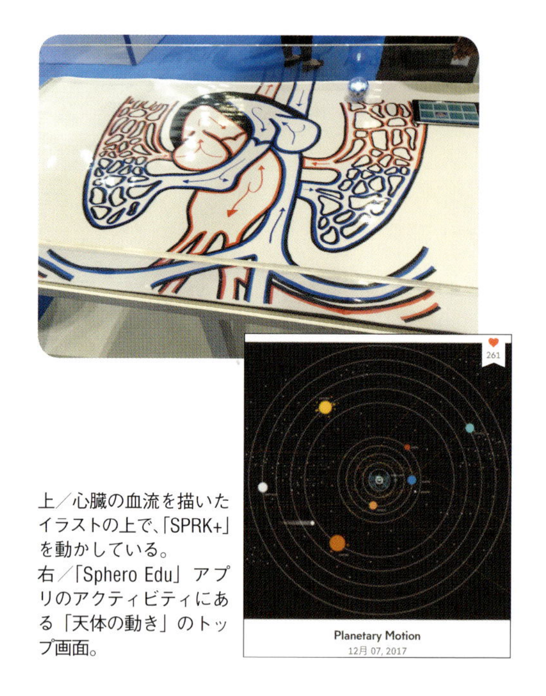

上／心臓の血流を描いたイラストの上で、「SPRK+」を動かしている。
右／「Sphero Edu」アプリのアクティビティにある「天体の動き」のトップ画面。

COLUMN

授業の参考になる動画が公開されている

YouTubeの「Spheroチャンネル」には、「Sphero Edu」アプリを授業で採用する際に使える動画が公開されています。実際の動きもよくわかるので、参考にもなるでしょう。なお、下のQRコードはスマートフォン用です。パソコンからは右下のURLよりアクセスしてください。

「Sphero Edu」紹介

Sphero と コンピューターサイエンス

「SPRK+」製品紹介

光ダンス

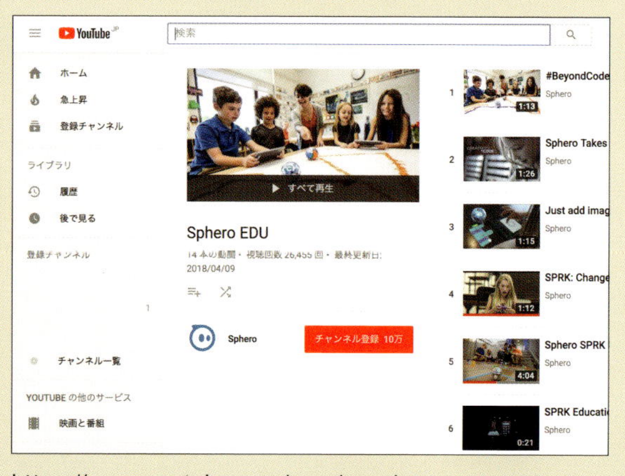

https://www.youtube.com/user/gosphero

事例 教科横断的な学び

「SPRK+」のプログラムは、2つの教科をつなぎ、児童の創造性を育むための学びを実現することも可能です。

たとえば、図画工作で学ぶ「光と動き」と音楽での「曲づくり」という2つの創作活動を結びつけた表現活動や、そこに体育の身体活動を組み合わせた活動事例があります。

ここでは、図工と音楽を例に取り上げてみましょう。大切なのはテーマの設定です。単に動かすだけでなく、テーマを持たせることで学びがより主体的になるからです。季節や自然などイメージしやすいものがいいでしょう。たとえば「春」をテーマに設定する場合は、花の色や花が咲く様子、散る様子などを「SPRK+」の色と動きで表現します。まずは起承転結のストーリーを作り、そのストーリーに合わせて「SPRK+」の動作をイメージします。最初にホワイトボードなどを使いイメージを具体化すると、プログラムがうまく思い描けます。自分たちが「SPRK+」になったつもりで動いて、シミュレーションするのも効果的です。

また、色の表現では三原色を学べます。「Sphero Edu」アプリでは、「SPRK+」の色をコントロールできますが、赤・緑・青の割合を変えて色づくりをしてみましょう。それぞれの色を0～255の範囲で指定します。3色とも255にすると白になり、すべて0にすると黒（光らない）になります。ここで、どの色も三原色でできるということを学べるわけです。アプリ内の「ドライブ」モードを選択すると色がコントロールできるので、画面で確認します。

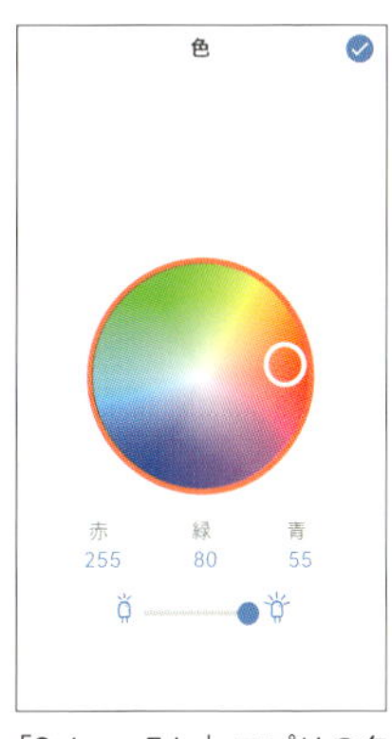

「Sphero Edu」アプリの色調整の画面。

さて、光と動きのプログラミングと同時に、音楽ではストーリーに合わせ、一般の音楽アプリを用いて作曲をします。

「SPRK+」のプログラムと曲ができたら、これらを組み合わせて発表会を開きましょう。まずはテーマとストーリーを作り、そして動きの工夫、音楽の表現についてのプレゼンテーションの順に進めていきます。実際に動かす前にプレゼンテーションをすることで、見ている児童も相互評価がしやすくなります。

学校の体育館で「SPRK+」を使ったプログラミングに取り組む様子。

Sphero Edu & SPRK+ について先生方や教育関係者からのコメント

仲間と試行錯誤するから、授業への関心が高まる

大分県別府市立南立石小学校 平岡正規先生

小学校4年生で算数「角度の発展学習」として「Sphero Edu」アプリを使い「SPRK+」を動かす授業に取り組みました。「どうすれば三角形のコースを動かすことができるかな」と投げかけると、「やってみたい!」「よぉ〜し」と子どもたちの目が輝きます。しかし、簡単にはコースどおりに動かせません。班のメンバーで協力して分度器で角度を測ったり、動作速度や動作時間を考えたり、正確に曲がるように「ディレイ」という指示を出して静止するようにプログラミングしたりと、話し合いながら試行錯誤して取り組めました。

光や動きが見たい、触りたいという意欲を引き出す

埼玉県立熊谷特別支援学校 内田考洋先生

障がいの重い子どもの自立活動、国語的観点から取り組む授業において、「SPRK+」を活用しました。はじめに物語の読み聞かせを行い、その後生徒のできること(手を伸ばす、物をつかむ、転がす、引っ張る、押すなど)で、物語を疑似体験するという内容です。「SPRK+」に向かって手を伸ばしたりつかんだり、「SPRK+」を所定の場所に入れたりする動作を、物語の文脈の中で展開しました。また、その中で生徒個々の目標を設定し、支援方法も工夫しています。「SPRK+」の光や動きの刺激は「見たい」「触りたい」といった意欲を引き出しやすい。同じような活動をしてもただのボールとは比べものにならないほど反応がいいのです。そのために注意を向けたり、操作したりする生徒たちの発達を促す取り組みに対して、有効なツールだといえます。

子どもたちの表現活動と、すごく相性がいい

大分県大分市立別保教育委員会 土井敏裕 指導主事

大分県では、「SPRK+」を使ったプログラミングの授業実践をICTスマートデザイナーの先生を中心に研究し、教員研修にも活用しています。国語や総合的な学習の時間、算数などの公開授業も行いました。

成果としては、子どもたちの表現活動にとても相性がいいことがわかってきました。

子どもたちは大人に比べて習得が早く、自分のイメージどおりに動かすことができ、プログラミング的思考の高まりを見てとることができます。

「Sphero Edu」アプリはインターフェイスがとてもきれいでわかりやすい。ドライブモードで特性をつかみ、癖を知ることがプログラミングのヒントにもなります。「SPRK+」はそのデザインや光の色、動きに愛嬌があり、かわいらしいところが子どもたちの心にスッと入っていきます。

管理面でも、「SPRK+」の非接触充電などは簡単でありがたいです。接続のスムーズさや壊れにくいところなどは、学校にとって必須の部分です。

SPRK+で描いた下絵から個性的な構図の絵が生まれた

埼玉県立熊谷特別支援学校 内田考洋先生

美術教科で2時間続きの授業を3回実施しました。まずは、絵の具をつけた「SPRK+」を操作して意欲的に手を動かし、友だちと一緒に絵の下絵を描きます。次に、その下絵をよく鑑賞して面白い形を発見しながら、絵の構図を考えて筆で描くのです。「SPRK+」を使って下絵を描くことで、ゲーム感覚で意欲的な活動ができ、また障がいによって手の可動域が狭い生徒も自力で描くことができます。キャンバスを組み合わせて大きな画面を作って描いたので、一枚一枚個性的な下絵ができ、偶然できた下絵から、たとえば、電車が好きな子どもは線路や電車の車体が見えるなど、それぞれ個性的な構図を考えることができました。教員と生徒のコミュニケーションが多く生まれたのもよかった点です。何もないところから絵を描かせるとこぢんまりと描いてしまう傾向にありますが、下絵を生かすことで大胆で見応えのある絵を描くことができました。

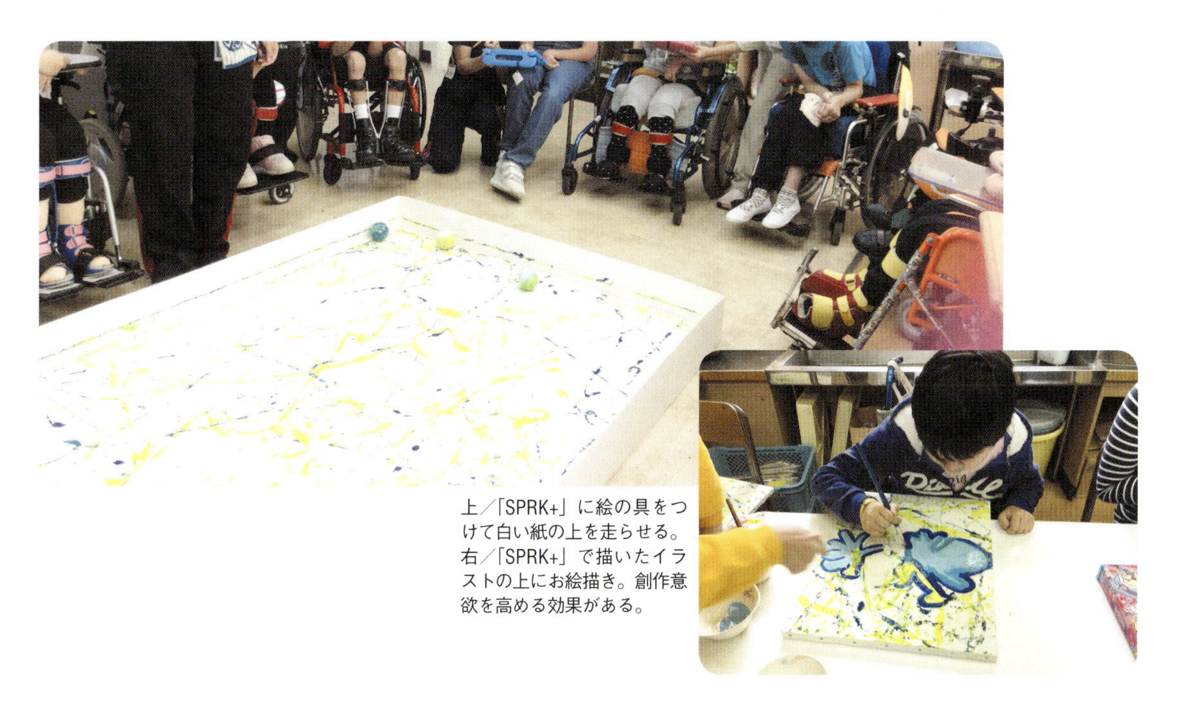

上／「SPRK+」に絵の具をつけて白い紙の上を走らせる。右／「SPRK+」で描いたイラストの上にお絵描き。創作意欲を高める効果がある。

考えを具現化して、学びを確実に身につける

大分県大分市立別保小学校 神野翔太郎先生

「Sphero Edu」アプリや「SPRK+」は、児童が思考したことを、今までできなかったやり方で具現化してくれました。児童は、自分が思い描いたイメージを、色や動きを組み合わせて表現しますが、言葉以外の表現からは、彼らの思考がダイレクトに伝わってきます。また、「SPRK+」をロボットとして見るのではなく「学習者のひとり」としてとらえることで、自分たちの表現の質を高める肥やしになっているようです。これまで教室の中、ノートの中で完結していた児童の学びがよりダイナミックに、そしてより質が高いものに変わっていく。Spheroはそんな可能性を秘めています。

同時に複数の問題を解決する見方、考え方を育てる

仙台市立向陽台中学校 住川泰希先生

中学2年生の技術科で、「SPRK+」を使用して自動走行掃除ロボットの動作をプログラミングする授業を実施しました。このプログラムでは、掃除の所要時間や丁寧さなどを制約条件として、最適な解答を導くアルゴリズムなどが求められます。その成果として、プログラミングで重視しなくてはいけないことが機能性や安全性だけでないことがわかったり、同時に複数の問題を解決するためにはバランスを考えなければならないことに気づいたり、問題解決にとってロボットのあり方に迫る見方、考え方が育ちました。

「Sphero Edu」アプリには、ロボットを操縦するリモコン機能があるので、プログラム実行後、その都度ロボットを取りに行く手間と時間を省けます。また、使用できるブロックの種類が生徒が考えるのに十分なだけ用意されている点もいいと思います。

「SPRK+」は、どの方向からぶつかっても衝突を検知でき、ほかの移動型ロボットよりもプログラムの指示に反応して速く移動できることも授業では使用しやすかったです。スケルトン仕様なので、技術科のエネルギー変換で扱うギアや電子部品などの学習を想起させられる点がいいですね。さらにロボット同士で通信できるようになれば、互いのロボットで発生しているイベントやセンシングの状況に応じた処理を連携でき、システムの構想が可能になるので、その点を期待しています。

外国語活動としての体験の価値を高める

仙台市立大野田小学校 栄利滋人先生

小学校6年生の総合的な学習の時間に、外国語活動の要素を加えるため「Sphero Edu」アプリを活用しています。英語表記に切り替えてプログラムした「SPRK+」の動きから、使用したブロックの意味を体感し、探究活動の中で外国語活動としての体験価値を高めることができました。何度でも指示どおりに正確に動くため、コンピュータの特性を理解しながら試行錯誤しつつ、たとえば、「roll」という指示であれば、転がる、回りながら進むとか、「strobe」は点滅する、ピカピカ光るなど、児童なりに「語感」を得るといった成果がみられました。

また、「Sphero Edu」アプリは表示言語の切り替えが容易で、日本語も表示できるので、プログラミングの操作方法を10分程度で理解できる点がいいですね。

そして、「SPRK+」は、試行錯誤の中で予期せず机から落ちても故障しない丈夫さも評価しています。

楽しみながら、プログラミング的な思考を育む

山形県西置賜郡小国町教育委員会教育振興課 加藤郁子 学校教育専門員（兼）指導主事

「SPRK+」は子どもたちの創造性と協働性に火をつけるかわいい顔をした優れものであり、プログラミング教育推進の素敵なパートナーです。簡単な操作でプログラミングの面白さを体感でき、使う人の創造性や探究性にどこまでも対応できる奥深さも持っています。おかげで子どもたちは創意工夫する楽しさに気づき、頭をフル回転させる試行錯誤に夢中です。そして、仲間とともに学ぶことで会話を交わし、アイデアを出しあう楽しさに気づくようにもなりました。今後も、子どもたちのプログラミング的な思考を育てていきたいと思います。

プログラミングのすゝめ

情報通信総合研究所特別研究員 平井 聡一郎

大学受験にもつながるプログラミングを家庭で続けましょう

変化の激しい21世紀において、子どもたちは生涯にわたって学び続けていくこと、学び続ける意欲を持つことが求められます。そのためには、「いつでも、どこでも学べる」という環境が必要でしょう。学校だけではなく家庭でも、親子で学び、考えることを楽しめる機会を子どもたちに用意することに、意味があると思います。

学びの場は学校だけではないのです。家庭でも楽しく学ぶ場があることが大切です。なぜなら、学校の先生が受けてきた「20世紀の教育」は「21世紀の教育」にはマッチングしていないからです。「インプットされた知識を再生する」という「20世紀の学習」で受験を乗り切ってきた世代ですから、これからの「21世紀」の時代に必要な学びを十分に経験していないのです。もちろん、先生たちも新しい学習指導要領に対応するため、さまざまな研修はされていますが、いきなり「21世紀の教育」を指導するのは難しいと思います。特にプログラミングについては、先生自身が経験したことのないことを指導するのですから、先生自身も不安を感じています。これは保護者の皆さまも同様でしょう。そこで、「保護者も先生も子どもたちと一緒にプログラミングを学ぶこと」が大切になると思います。学校と家庭が一緒になって、子どもたちのプログラミング的な思考を育む環境づくりをするのです。

さて、ここで、なぜプログラミングを学ぶといいのかを考えてみます。まずプログラミングによる実感を伴った学びは、子どもたちに考えることの面白さを教えてくれます。それは目的を持った学びだからです。「ロボットにこんな動きをさせたい」という実現欲求は、達成したときの充実感は計り知れません。知識習得のいわゆる「勉強」とは次元の違う「学び」がそこにあります。この「学び」は、「自分はひとりで考えることができる」「考えればやりたいことが達成できる」という、自己有用感、自己効力感といった自信につながります。さらに、プログラミングを通して身につく思考力には、次の4つが挙げられます。

① 物事を分解して考える力
② パターンを見つける力
③ 大事なこと、本質を見抜く力
④ 順序立てて考える力

これらは、社会の中で直面するさまざまな問題を発見し、それを解決していくのに不可欠の能力といえるでしょう。大学入試も今後改革が進められ、受験生には思考力や表現力が求められていきます。ひとつの解答を求めていくのではない、受験生にも保護者の皆さんにとっても未知の内容に変わっていきます。プログラミングで培われる思考は、このような未知の課題に対応する力といえます。大学入試などの受験勉強に、小学校でのプログラミング思考がつながっているのです。

実際、これまでプログラミングに取り組んできた小学校やプログラミングスクールでは、先生たちは子どもたちの成長を体感的に感じています。まずは学ぶ意欲が高まること、集中力がつくことです。さらに、不思議なことに国語の読解力も向上してきます。おそらく、手順やパターンなどを考えていく力が文章構成と重なり、読み取る力につながったのではないかと考えられます。指導に当たる先生にも変化が出ます。ある学校では、プログラミング的な思考を授業に取り入れたクラスが1年間で成績が急上昇しました。なぜ急に成績がよくなったのかを担任の先生に聞くと、「先生自身の授業づくりが変わった」せいかもしれないという答えが返ってきたのです。プログラミングを指導していくうちに、先生自身にプログラミング的な思考が身につき、授業を効果的に組み立てられようになったのでしょう。まさにプログラミング的な思考は、社会人のも必要なスキルなのだと実感した瞬間でした。

現在の小学生が社会に出ていく2030年代、40年代に、日本社会はどう変化していくでしょうか？「人口減少」「超高齢社会」「現在ある職業の消滅」「未知なる職業の創出」など予想の困難な未来がそこには存在します。

21世紀の大きな変化を、子どもたちは成長の過程で眺めながら何を考えるでしょうか？ 私はそこに、「プログラミング的な思考を身につけた子どもたち」がワクワクしながら未知の社会に出ていく姿を期待しています。プログラミングを通して、思考し、創出する喜びを知った子どもたちは、未知の社会を楽しめることでしょう。直面する新たな問題をどうやって解決しようか？どうすれば社会がもっとよくなるだろうか？

成長した子どもたちが支えるのが世界の未来です。そのような姿の実現のために、保護者と学校の先生が力を合わせて子どもたちが学べる場をつくっていきましょう。

Just do it! やってみよう 6

「ロボット・ペインティング」で遊ぼう！

ロボットの動きで絵が描ける！　君も立派なアーティストだ！

「SPRK+」の「ロボット・ペインティング（お絵描き）」は、世界中の学校や家庭で大活躍しています。完全防水なので、絵の具や水がついても大丈夫だからです。学校の「図工」や「美術」のアクティビティとしても大人気。プログラミングで「SPRK+」を動かして、絵を描いて遊ぼう。プログラミングがまったくわからなくても、「ドライブモード」（リモコン操作）を使えば、自由自在に絵が描ける！　幼児から大人までみんなが楽しんでいる「ロボット・ペインティング」に、君もチャレンジしよう！　手順はとてもカンタン！
①大きな白い紙を用意する。②紙をテープなどで机や床に固定する。③「SPRK+」に絵の具をたっぷりとつける。④簡単な線の下絵から本格的なアート作品まで描いてみよう。⑤「ドライブモード」（リモコン）で描く。もしくは、プログラミングを使って描く。⑥ Sphero 社の「ヌビーカバー」（別売り）をつければ、面白い線が描ける。

天気のいい日は外でペインティング！「SPRK+」が紙からはみ出ないように、ブロックなどで壁を作ると便利。

Sphero 社の「ヌビーカバー」（別売り）。取り外しも簡単で、洗って何度でも使えます。表面がでこぼこしたシリコン製カバーなので、絵の具の持ちもいい。

「SPRK+」で描いた作品を見てみよう！

まず、画用紙を何枚か床に敷き詰め、大きな1枚のキャンバスを作ります（たとえば、画用紙12枚で1枚のキャンバスを作るのです）。キャンバスとなる各画用紙はずれないようにテープで床にしっかりと固定します。キャンバスが用意できたら、絵の具をつけた「SPRK +」をゲーム感覚で走らせてみましょう。スマホやタブレットを使って走らせると、無数の面白い線が大きなキャンバスに描かれます。大きなキャンバスに描かれた作品だけに、迫力があります。完成した作品の写真を撮っておきましょう。次に、大きな1枚のキャンバスを作っていた画用紙を1枚ずつバラバラにします。画用紙1枚の作品も写真に撮っておきましょう。1枚の大きなキャンバスの絵と、1枚の小さな画用紙では、見たときの印象が大きく違います。

※以上は、肢体不自由特別支援学校の「美術」の授業で行われている人気アクティビティです。

「SPRK +」を使った「ロボット・ペインティング」で下絵を描き、手で描いて完成した4作品です。いろいろな形や模様があります。イマジネーションを働かせて、画面から大きくはみ出すくらいの大胆な構図にチャレンジしてみましょう。

プログラミングを授業に取り入れるために「Sphero Edu」のアクティビティを活用する

Sphero社の「Sphero Edu」とロボット「SPRK+」は、世界中の学校で「STEM」教育や「STEAM」教育の教材として採用されています。「STEM」とはScience（科学）、Technology（技術）、Engineering（工学）、Mathematics（数学）の頭文字をとった言葉です。「STEAM」は「STEM」にArt（芸術）を加えた言葉です。「Sphero Edu」アプリはプログラミングを学べるだけでなく、プログラミングを使ってさまざまな教科を学ぶことができます。プログラミングを利用して、授業で創造性を育むことができるのです。

「Sphero Edu」アプリにはSphero社が作成したプログラムの模範実例が組み込まれています。また、授業でどのように活用したらよいのか、クラスルームでのアクティビティの実例もアプリで知ることができます。そして、アプリの「コミュニティ」では、自分やほかの人が作ったプログラムやアクティビティを共有でき、コピーして活用することもできます。

「Sphero Edu」アプリとロボット「SPRK+」は、初心者から初級、中級まで簡単に使えるように設計されています。また、シンプルなデザインの「SPRK+」は頑丈で、授業の準備や片づけで手間がかかりません。想像力を刺激する球形や、転がるロボットの動きを利用して、いろいろな教科の授業で活用されています。

本書で紹介している、「ドロー」や「ブロック」によるプログラミングのミッションは、授業で活用しやすいものです。また「Sphero Edu」アプリでSphero社による完成プログラムをそのまま使えば、すぐにアクティビティの授業を組み立てることもできます。

ここでは、授業のアイデアに向いている3つのアクティビティを紹介し、その活用方法を簡潔にまとめました。プログラミングを利用しながら、学校の教科を楽しく学べるように工夫してみましょう。

算数×プログラム

速度・時間・距離の関係

ブロックコードは、〈https://edu.sphero.com/cwists/preview/12189〉

ミッション8「コースを作って走らせる」(P.67 参照)で紹介したように、小学校中学年の算数で教える「速度・時間・距離」を、プログラミングを通して学びます。「ロール」ブロックを1つだけ使い、ロボットの動き観察し、「速度・時間・距離」の算数で習う関係性を学びます。

ここでは、ロボットを真っすぐ前方もしくは後方へ走らせるので、自分に対しての「角度」は常に0度か180度に設定します。ロボットを走らせて、距離を計測してノートに書いたり、数値をグラフにまとめたりさせてみましょう。ロボットの実験を通して、子どもたちが「速度・時間・距離」の規則性を見いだしてもらうのが目的です。

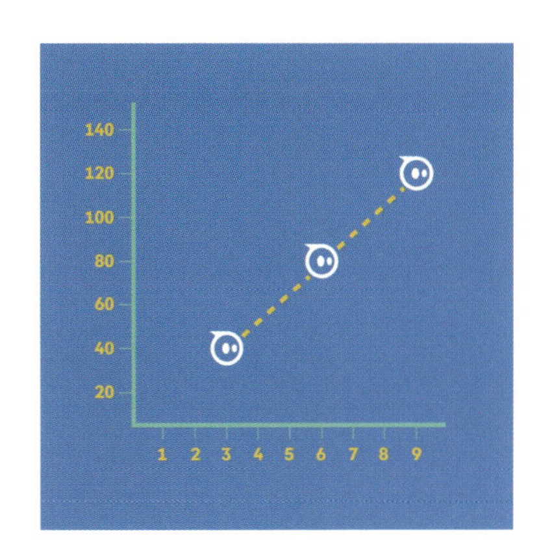

実験❶

「スピード」を一定(たとえば、30)にして、「継続時間」を何段階(たとえば、3秒、6秒、9秒)かに変えて、それぞれロボットが走った距離を計測してします(算数の「速度×時間＝距離」の規則性を、時間のみを変化させるロボット実験で見いだすことが目的)。

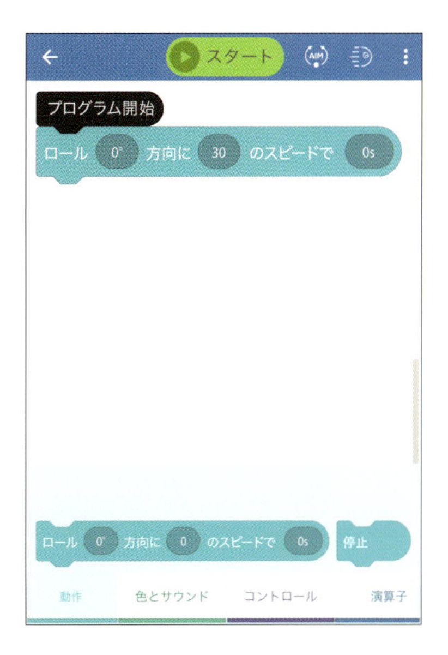

実験❷

「継続時間」を一定(例えば、3秒)にして、「スピード」を何段階(たとえば、30、60、90)かに変えて、同じくロボットが走った距離を計測します(算数の「速度×時間＝距離」の規則性を、速度のみを変化させるロボット実験で見いだすことが目的)。

チャレンジ

行きは、ある「スピード」と「継続時間」によって、一定の距離を走らせます。そして、Uターン(向きを180度変える)し、行きとは異なる「スピード」と「継続時間」によってスタート地点まで帰ってくるにはどうするかを考えさせます。右記のAやBのような「ロール」ブロックの丸に入る数字を見つけます(答えは次ページにあります)。

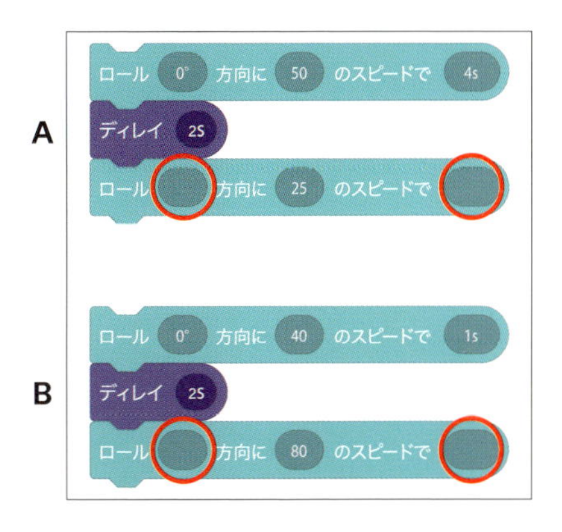

理科×プログラム

太陽系の軌道を周回させる

ブロックコードは、〈https://edu.sphero.com/remixes/1395500〉

ロボットを、太陽系を構成する太陽と各惑星に見立て、軌道を周回させるプログラムです。

もし、ロボットが2台あるならば、1つは太陽、もう1つは地球の軌道を周回させてみましょう（ロボットが1つならば、太陽は紙に描いた円やコップなどで代用しましょう）。

P.117の答え　A＝180、8　B＝180、0.5

```
プログラム開始
数値設定 planet = 4    // 1 = Sun
                         2 = Mercury
                         3 = Venus
planetProperties
スピーク 文字列構築 speakName 発声を しながら次へ
メインLED color
スピード speed
永久ループ
    スピン 360° を spinTime で

define planetProperties
if planet === 1 then
    数値設定 speakName = Sun
    数値設定 speed = 0.5
    数値設定 spinTime = 2
    数値設定 color = (yellow)
if planet === 2 then
    数値設定 speakName = Mercury
    数値設定 color = (gray)
    数値設定 speed = 0
    数値設定 spinTime = 0
if planet === 3 then
    数値設定 speakName = Venus
    数値設定 color = (white)
    数値設定 speed = 0
    数値設定 spinTime = 0
if planet === 4 then
    数値設定 speakName = Earth
    数値設定 color = (blue)
    数値設定 speed = 40
    数値設定 spinTime = 9
if planet === 5 then
    数値設定 speakName = Mars
    数値設定 color = (red)
    数値設定 speed = 0
    数値設定 spinTime = 0
if planet === 6 then
    数値設定 speakName = Jupiter
    数値設定 color = (orange)
    数値設定 speed = 0
    数値設定 spinTime = 0
if planet === 7 then
    数値設定 speakName = Saturn
    数値設定 color = (yellow-green)
    数値設定 speed = 0
    数値設定 spinTime = 0
if planet === 8 then
    数値設定 speakName = Uranus
    数値設定 color = (light blue)
    数値設定 speed = 0
    数値設定 spinTime = 0
if planet === 9 then
    数値設定 speakName = Neptune
    数値設定 color = (brown)
    数値設定 speed = 0
    数値設定 spinTime = 0
```

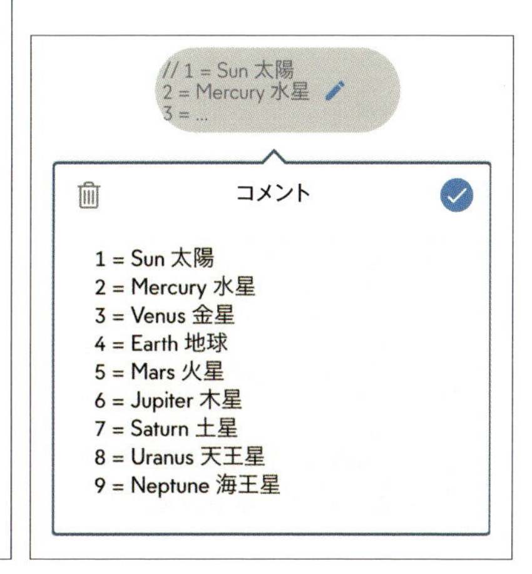

メインのプログラムは、「planet」（惑星）という変数にそれぞれの惑星に割り当てられた数字を設定して、「planetProperties」（惑星の属性）という関数を呼び出します。各惑星を表す数字は、右上のコメントの画面を見てください。

「planetProperties」関数は、「planet」が示す数字に対応した惑星の「speakName」（読み上げる惑星名）、「color」（惑星をイメージした色）、「speed」（惑星のスピード）、「spinTime」（軌道周回にかかる時間）という各変数の値を決めるためのものです。

そして、続く「スピーク」「メインLED」「スピード」の各ブロックが、対応する変数に応じた設定を行い、最後に、「spinTime」の値を使って「スピン・モード」でロボットが軌道を周回します。

ただし、「PlanetProperties」関数の中で「speed」と「spinTime」が設定済みなのは、太陽と地球だけです。「Sphero Edu」アプリでは、これらの設定（colorの下の2つのブロック）をユーザー自身が設定するように、あえて、「0」のままにしています。ユーザーに考えてチャレンジしてもらいたいからです。

ロボットがうまく軌道を描くには、実際にロボットを動かしてみることが必要です。それぞれの惑星の「speed」と「spinTime」の数字の組み合わせを試して、動きを調節しましょう。

また、関数内の各惑星の名前も、惑星番号が記されたコメントの画面を参考にして、日本名に書き換えておきましょう。

ロボットが9つあるなら、それぞれに惑星を割り当ててみましょう。9つの惑星を同時にスタートさせ太陽系の軌道を見るのは壮観です。体育館や大型教室のような広い場所で試してみましょう。

図画工作×プログラム
ブリッジ・チャレンジ

ブロックコードは、〈https://edu.sphero.com/cwists/preview/15602x〉

まずは、割りばし、段ボール紙、アイスクリーム用の木のスプーンなど、身近な材料を使って橋を作りましょう。そして、橋の上をロボットが通過できるようにプログラミングします。ロボットを無事に通過させられるかがチャレンジです。

子どもには、橋の強度が素材によって異なることを実感させましょう。また、同じ素材でも厚みによって強度が異なることや、橋の形や構造によっても強度が変わることも、実験を通じて理解させるチャンスです。クラスルームで図鑑やインターネットなどを利用して、いろいろな橋の写真を見比べてみましょう。どのような構造の橋が頑丈なのか？　など、橋に関する意見を出し合うとさらにいいでしょう。

「橋の材料を統一してロボットの重さに耐える一番長い橋を作る」、あるいは、「橋の長さを統一してロボットの重さに耐える一番軽い橋を作る」などの課題を出し、クラスルームでコンテストを行っても面白いでしょう。

Just do it! やってみよう 7

「Chromebook」や「Swift Playgrounds」に挑戦!

Google Chromebook で使える

世界中の学校で使われているパソコン「Chromebook（クロームブック）」でも「Sphero Edu」でプログラミングができます。「Chromebook」は「Google Chrome OS」を搭載し、インターネットに接続して動作するように作られています。比較的安価でパソコン本体も丈夫で、メンテナンスが楽にできます。すでに海外では多くの学校が採用しています。日本でも採用する学校が増えつつあります。「Sphero Edu」の仕様は、「iOS 版」や「Android 版」と同じですが、「Chromebook」ではキーボードを使った操作ができます。今後は、さまざまなパソコンでも使えるように、Sphero 社は研究開発を進めています。

「SPRK+」を「Swift Playgrounds」でプログラミングする

「SPRK+」は、アップル社のタブレットの「iPad」向けのプログラミング学習アプリ「Swift Playgrounds」でもプログラムができます。ただし、プログラミングの仕方は「Sphero Edu」とは異なります。「Swift Playgrounds」で「SPRK+」をプログラミングするには、そのアプリ内で無料購読できます。

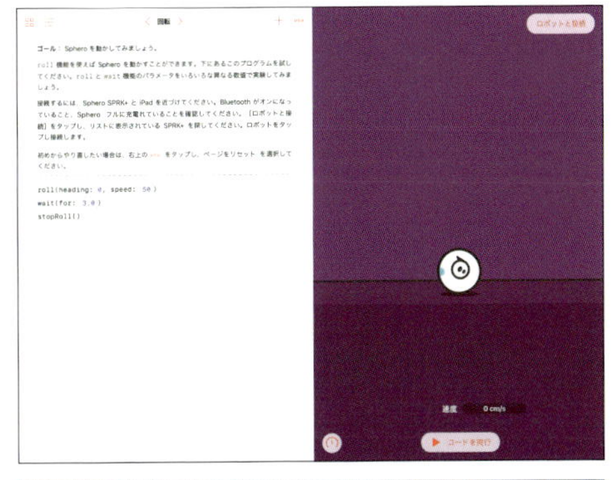

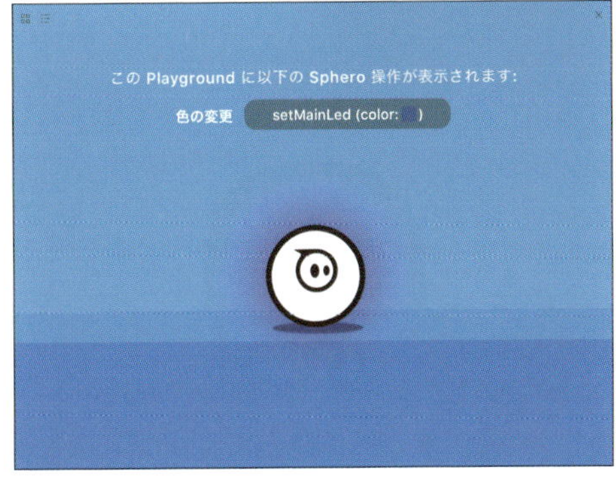

Swift Playgrounds の「SPRK+」のプログラミング画面。

Just do it! やってみよう 8

ミッションで学んだことをまとめてみよう！

付録の言葉の
解説も読んでね！

付録

動作

●ロール
「方向」「スピード」「継続時間」を組み合わせて、ロボットを転がします。

●停止
「スピード」の数値を0にし、ロボットを停止させます。

●スピード
ロボットの「スピード」を−255 ～ 255 の範囲で設定します。＋の値で前へ、−の値で後ろに進み、0で停止します。ロボットの種類により、「スピード」の数値が同じでも実際の移動速度に違いが出ます。「スピード」はパワーを決める項目だと考えるといいでしょう。ロボットには速度計が内蔵されていないため、実際のスピードを直接に設定することはできません。しかし、「スピード＝距離÷時間」の公式を利用すれば、「スピード」の値を求めることができます。

●方向
ロボットが転がる方向を設定します。青色 LED のテールライトが自分に向いている状態でロボットの方向を指定する場合、0度が直進、90 度が右折、270 度が左折、180 度が後退となります。

●スピン
スピン角で示された角度を、「継続時間」で設定した秒数を掛けて、ロボットをスピン（速く回転）させます。「スピード」を0に設定すればその場でスピンとなります。「スピード」を0以外に設定すれば移動しながらスピンし、円弧を描きます。

●モーター
左右個別に−255 ～ 255 の範囲で電力調節して、ロボットのモーター出力をコントロールします。

●スタビライゼーション
「スタビライゼーション（安定化）」システムのオンとオフを切り替えます。「スタビライゼーション」は通常オンになっています。「加速度計」（方向加速度を計測）、「ジャイロスコープ」（回転スピードを計測）、「エンコーダ」（移動距離を計測）の数値を用いてバランスをとる「IMU（慣性計測装置）」を応用して、ロボットを自動的に安定したポジションにします。スタビライゼーションをオフにすると、ロボットはバランスを維持できなくなります。ロボットをジャンプさせたり、震えるなどの不安定な動きをさせたいときにオフにします。

● AIM をリセット
ロボットが向いている方向を、前方（0度）に設定し直します。これは、キャンバスやドライブ画面にある「AIM」ボタンを使用して、ロボットの前方を設定するのと同じ機能です。

色とサウンド

●メインLED
「メインLED」の色や明るさを変更します。「カラーホイール」と「明るさのスライダー」でおおまかに設定できます。キーパッドを使えば、0～255の範囲でRGB（赤、緑、青）の数値を細かく設定できます。

●フェード
「継続時間」で設定された秒数を掛けて、「メインLED」の色を変化させます。

●ストロボ
「メインLED」を指定した秒数内に、指定した回数分を点滅させます（ライトがオン／オフの時間も指定秒数に含まれます）。

●テールLED
「テールLED」の明るさを、0～255の範囲で設定します。色は青色のみで変更できません。

●サウンド
プログラミングしているデバイス（タブレットやスマホなど）のスピーカーで、リストから選択されたサウンドを再生します。「ランダム」オプションを「オン」にすると、自動的にさまざまなサウンドが選択されて再生されます。サウンドが完了するまでプログラムは次のブロックへ進まずに待機するか、サウンドを再生しながら次のブロックへと進むかを選べます。

●スピーク
プログラミングしているデバイス（タブレットやスマホなど）のスピーカーで、入力された文字列を読み上げます。「スピーク」の読み上げが完了するまでプログラムは次のブロックへ進まずに待機するか、「スピーク」を読み上げながら次のブロックへと進むかを選べます。数字（変数、パラメータ、センサーの数値）やカラーを読み上げさせる場合には、「文字列構築」の演算子ブロックを使い、それを文字列の欄に入れます。

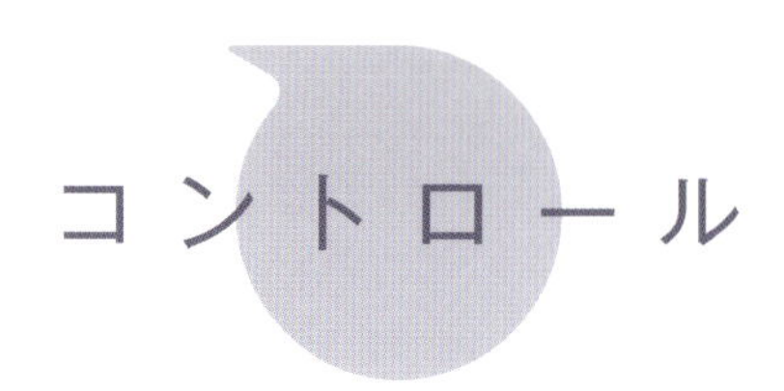

●ディレイ
「ディレイ」とは、「遅らせる」という意味です。設定した秒数を待機してから、次のブロックに進みます。

●ループ
「ループ」内に置いたブロックの処理を、指定した回数だけ繰り返します。

●永久ループ
「ループ」内に置いたブロックの処理を無限に繰り返します。「無限ループ」とも呼ばれ、簡単に同じ処理を続けられます。

●条件付きループ
条件が「真(true)」になるまで、「ループ」内の処理を繰り返します。「until ループ」ともいいます。条件は、「true」のフィールドに「コンパレータ」をドラッグして作成します。「コンパレータ」は、「論理積演算(AND)」や「論理和演算(OR)」と組み合わせることにより、さらに細かな条件の設定が可能です。ただし、これら2つを利用する場合は、ほかのコンパレータよりも先に配置する必要があります。

●条件分岐 1
条件が「真(true)」ならば、「if」セクション内の処理を行います。条件は、「true」のフィールドにコンパレータをドラッグして作成します。コンパレータは、「論理積演算(AND)」や「論理和演算(OR)」と組み合わせることにより、さらに細かな条件の設定が可能です。ただし、これら2つを利用する場合は、ほかのコンパレータよりも先に配置する必要があります。

●条件分岐 2
条件が「真(true)」ならば、「if」セクション内の処理を行い、そうでなければ、「else」セクション内の処理を行います。条件は、「true」のフィールドにコンパレータをドラッグして作成します。コンパレータは、「論理積演算(AND)」や「論理和演算(OR)」と組み合わせることにより、さらに細かな条件の設定が可能です。ただし、これら2つを利用する場合は、ほかのコンパレータよりも先に配置する必要があります。

●プログラムを終了
すべてのコードの実行を停止し、プログラムを終了します。「停止」ボタンを押すのと同じです。

演算子

●加算
2 つの数値を足します。

●減算
左側の数値から右側の数値を引きます。

●乗算
2 つの数値を掛け合わせます。

●除算
左側の数値を右側の数値で割ります。

●指数
左側の数値と右側の数値の回数分とを掛け合わせます。この計算は「累乗」と呼ばれ、掛け合わせる回数（右側の数値）を「指数」と呼びます。

●モジュロ
左の数値を右の数値で割った余りに変換します。

●平方根
数値の平方根に変換します。

●四捨五入
数値を一番近い整数に四捨五入します。

●下限値
数値を一番近い整数に切り下げます。

●上限値
数値を一番近い整数に切り上げます。

●絶対値
符号を取り除いた数値（絶対値）に変換します。

●符号
数値の符号に変換します。正の数値ならば＋1、負の数値ならば−1、数値がゼロならば0になります。

●文字列構築
複数の値を1つの文字列としてまとめます。値としては、数字（変数、パラメータ、センサーの数値）、文字列、ブーリアン型変数、カラーを利用できます。

●ランダム整数
指定された最小値と最大値の間で、ランダムな整数値に変換します。

●ランダム浮動小数点数
指定された最大値から最小値の範囲内で、ランダムな浮動小数点数を出力します。

●最小値
右側と左側の数値を比較して、小さいほうの値に変換します。どちらかに上限となる数値を設定しておけば、常にそれよりも小さな数値を得ることができます。

●最大値
右側と左側の数値を比較して、大きいほうの値に変換します。どちらかに下限となる数値を設定しておけば、常にそれよりも大きな数値を得ることができます。

●色チャンネル
指定された RGB（R＝赤、G＝緑、B＝青）色における赤、緑、青の色チャンネルを取得します。

●カラーミキサー
与えられた色の色チャンネル（赤、緑、青）のうち、どれか1つの値を変更した新しい色を出力します。

●ランダムカラー
色を扱うブロックの中で、ランダムな色を得るために使います。

sin (x)	sin を計算
cos (x)	cos を計算
tan (x)	tan を計算
asin (x)	asin を計算
acos (x)	acos を計算
atan (x)	atan を計算

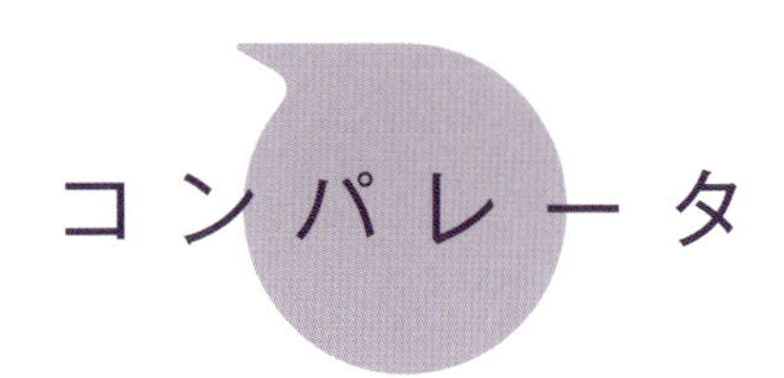

●イコール
左辺の数値と右辺の数値を同じかどうかを判定し、同じであれば「true」を出力します。

●ノットイコール
左辺の数値と右辺の数値が同じではないかどうかを判定し、同じでなければ true を出力します。

●小なり
左辺の数値が右辺の数値よりも小さいかどうかを判定し、小さければ「true」を出力します。

●小なりイコール
左辺の数値が右辺の数値以下であるかを判定し、以下であれば「true」を出力します。

●大なり
左辺の数値が右辺の数値よりも大きいかどうかを判定し、大きければ「true」を出力します。

●大なりイコール
左辺の数値が右辺の数値以上であるかを判定し、以上であれば「true」を出力します。

●論理積演算（AND）
左右の条件がどちらも「真（true）」であるときに限り、「true」を出力します。

●論理和演算（OR）
左右の条件のどちらか 1 つが「真（true）」なら、「true」を出力します。

●ロボットタイプ
「条件分岐 1（if then）」または「条件分岐 2（if then,else）」にこの条件を埋め込むことで、任意のロボット向けの条件付きロジック（論理的な処理）を実行可能にします。

センサー

●加速度 - 合計
ロボットの３軸方向の加速度を合計した、0G から 14G の範囲の値に変換します。

●加速度 - X 軸
ロボットの左右方向の加速度で、−8G から 8G の範囲の値に変換します。

●加速度 - Y 軸
ロボットの前後方向の加速度で、−8G から 8G の範囲の値に変換します。

●加速度 - Z 軸
ロボットの上下方向の加速度で、−8G から 8G の範囲の値に変換します。

●加速度 - 垂直
ロボットの姿勢にかかわらず、垂直方向の加速度を−8G から 8G の範囲の値に変換します。

●オリエンテーション - ピッチ
ロボットの前後方向の傾きを−180 度から 180 度の範囲の値に変換します。

●オリエンテーション - ロール
ロボットの左右方向の傾きを−180 度から 180 度の範囲の値に変換します。

●オリエンテーション - ヨー
ロボットのスピン（ツイスト）の角度を−180 度から 180 度の範囲の値に変換します。

●ジャイロスコープ - ピッチ
前後方向のスピン（ツイスト）の角速度を１秒あたり−2000 度～ 2000 度の範囲の値に変換します。

●ジャイロスコープ - ロール
左右方向のスピン（ツイスト）の角速度を１秒あたり−2000 度～ 2000 度の範囲の値に変換します。

●ジャイロスコープ - ヨー
左右に水平回転するスピン（ツイスト）の角速度を、１秒あたり−2000 度～ 2000 度の範囲の値に変換します。

●速度 - 合計
前後と左右方向のスピードを合計した絶対値（cm ／秒）に変換します。

●速度 - X
左右方向のスピードを、右方向を＋、右方向を−とする値（cm ／秒）に変換します。

●速度 - Y
前後方向のスピードを、前方向を＋、後ろ方向を−とする値（cm ／秒）に変換します。

●ロケーション - 合計
プログラムがスタートした地点からの距離の絶対値（cm）に変換します。

●ロケーション - X
プログラムがスタートした地点からの左右方向の距離を、右方向を＋、右方向を−とする値（cm）に変換します。

●ロケーション - Y
プログラムがスタートした地点からの前後方向の距離を、前方向を＋、後ろ方向を−とする値（cm）に変換します。

●距離
移動距離の合計の値（cm）に変換します。

●スピード
−255 ～ 255 の範囲で設定する、目標スピードです。

●進行方向
ロボットが転がる方向の角度です。青色の「テール LED」が自分に向いている状態でロボットの方向を指定する場合、０度が前進、90 度が右折、270 度が左折、180 度が後退に相当します。

●メイン LED
色チャンネルごとに０～ 255 の範囲で設定された、「メイン LED」の RGB（赤・緑・青）色です。

●テール LED
０～ 255 の範囲で設定された、「テール LED」の明るさです。

●経過時間
プログラムを実行した時間を秒単位で表した数値です。

●衝突時
ロボットが別の物体と衝突した際に呼び出される、条件付きロジック（論理的な処理）です。

●着陸時
ロボットが「自由落下」後に着地すると呼び出される条件付きロジックです。着陸時イベントを利用する場合、自由落下時イベントを定義しておく必要はありません。しかし、ロボットが着地する前に自由落下の条件が満たされていないと、ロボットは自分が着陸したと判断することができません。

●自由落下時
ロボットへ作用している力が重力のみの場合に呼び出される、条件付きロジックです。ロボットが落下したり、投げられたりしたときに、有効となります。ロボットが静止している場合、「加速度センサー」の値は1Gです。「加速度センサー」の値が、0.1秒以上にわたり0.1Gを下回った場合には「自由落下時」とみなされます。地球上の物体の自由落下加速度は9.81m/s^{2}です。

●ジャイロマックス時
ロボットの水平回転（ローテーション）速度が、1秒間に−2000度～2000度の範囲を超えて測定された場合に呼び出される、条件付きロジックです。これは、1秒間に5.5回転を超えるような超高速スピンに相当します。なお、「R2-D2™」と「R2-Q5™」はジャイロマックス時のイベントには対応していません。

●充電中
ロボットのバッテリー充電を開始すると呼び出される、条件付きロジックです。ロボットの仕様に応じて、専用充電台に置くか、充電用USBケーブルを差し込むと実行されます。

●充電中以外
ロボットのバッテリー充電を停止すると呼び出される、条件付きロジックです。ロボットの仕様に応じて、専用充電台から移動したり、充電用USBケーブルを抜くと実行されます。

関数「ロボットに演じさせる」

ロボットに演じさせるミッション 19 とミッション 20 で利用できる関数について説明します。
関数を使ってさまざまな動きができるので、活用してみましょう。

Battle March [バトルマーチ]

「バトルマーチ」は、「軍隊行進曲」という意味です。ロボットにモーターの回転数の変化によって楽曲を演奏させる関数です。「バトルマーチ」関数を使えば有名な SF 映画の作中に出てくるテーマ曲（軍隊行進曲）を、ロボットにモーターの回転数の変化によって奏でさせることもできます。

Charger waddle [チャージャーワドル]

「チャージャー」は、「充電器」、「ワドル」は、「よたよた（よちよち）歩く」という意味です。充電スタンドにロボットを載せているときに使います。「ハミング」の効果音を出しながら、ロボットがゆらゆらしながら動きます。

Cold water [コールドウオーター]

「コールドウオーター」は、「冷たい水」という意味です。冷たい水の中に飛び込んだような様子を、ロボットに演じさせます。水中でブクブクと泡を出している効果音は、ロボットが泡になったかのように、寒くて震えている感じで、左右にボディを動かします。

Curious [キューリアス]

「キューリアス」は、「好奇心がいっぱい」という意味です。「サウンド」ブロックで出される「レベルアップ」の効果音は、ロボットが何かひらめいたような音です。その音を聞いたロボットが、「何か面白いモノはないかな？」と好奇心をもって小さな輪を描くように転がります。

Dog [ドッグ]

「ドッグ（イヌ）」は、ロボットを犬（イヌ）にします。ロボットが「ワン・ワン・ワン・ワン」と4回ほえながら、「スピン」ブロックで、周りを見回すようにキョロキョロと動きます。「テール LED」の明るさを最大にしているので、犬（ロボット）のしっぽの位置がよくわかります。

Dreaming [ドリーミング]

「ドリーミング」は、「夢を見ている」という意味です。音と光で、ロボットが夢のような雰囲気を作り出します。おとぎ話に合いそうなハープ（たて琴）の効果音を出しながら、「メイン LED」ブロックをさまざまな色で光らせると、星がキラキラと輝いているようです。

Engine start [エンジンスタート]

エンジンをスタートさせるときの様子をロボットに演じさせます。「エンジンスタート」の起動音を出しながら、火花が飛ぶように「メイン LED」が「ストロボ」ブロックでパパッと光らせます。エンジンの回転が安定していくと、「フェード」ブロックが「メイン LED」の光量を増して黄色になります。

Evil [イービル]

「イービル」は、「悪」という意味です。不気味に 10 回も響く「ファッ・ファッ・ファッ・ファッ・ファッ・ファッ・ファッ・ファッ・ファッ・ファッー」という「邪悪な笑い声」の効果音に合わせて、ロボットを少しずつ回転させながら「フェード」と「メイン LED」ブロックを使って点滅させます。

Explosion [エクスプロージョン]

「エクスプロージョン」は、「爆発」という意味です。「爆発」の効果音が再生されると同時に、「モーター」ブロックにより、ロボットがはじき飛ばされたように動かします。「メイン LED」ブロックで、光がオレンジから赤に変わり、最後に「フェード」ブロックで光が消えます。

Fire [ファイア]

火が燃える様子を、ロボットに演じさせる関数。「ファイア」の効果音（まきがパチパチと燃えるような音）を出しながら、「メイン LED」の色が交互に赤と緑に変わります。「色チャンネル」ブロックを使った色の明るさと切り替えの間隔の変化で、火が燃えている雰囲気をロボットが演じます。

Fireworks [ファイヤーワークス]

「ファイヤーワークス」とは、花火のことです。花火が打ち上げられて上空で花開く様子を音にした「花火」の効果音に合わせて、ロボットが色とりどりに光ります。「フェード」と「ディレイ」ブロックを組み合わせてタイミングをうまくとります。

Frog [フロッグ]

ロボットに「フロッグ」（カエル）の動きをさせます。「ホース（Horse）」（馬）の関数と同じような動きをします。「メイン LED」が緑色に光って「カエル」の鳴き声が再生され、それに合わせてロボットが、「モーター」ブロックでピョコピョコと動きます。

関数「ロボットに演じさせる」

Happy［ハッピー］

「ハッピー」は、ロボットにハッピー（幸せ）な雰囲気を演じさせます。「すてきな笑い」という効果音を「サウンド」ブロックで再生され、「メイン LED」が緑とピンクで交互に光ります。色の切り替わりのタイミングが早すぎて1色にしか見えない場合は、「ディレイ」の「0.02 秒」を「0.05 秒」にしてみましょう。

Headstand［ヘッドスタンド］

「ヘッドスタンド」とは、逆立ちのことです。この関数は、ロボットを逆立ちさせます。ボールロボットの逆立ちとは、ボールの中身の機械が上下逆さまのなることです。1回のモーターの動きでうまくできることもあれば、何回かかかることもあり、成功すると「ボヨ〜ン」と音が鳴ります。

Heartbeat［ハートビート］

心臓の鼓動を表現した関数です。「ダブルビープ音（ビービー）」を鼓動の音に見立て、「メイン LED」の色の変化と「モーター」ブロックを2個組み合わせた動きによって、心臓の収縮を表現します。これが2回繰り返されます。

Hello［ハロー］

「ハロー」は、「こんにちは」とか「やあ」といった意味です。この関数は、家に誰かが訪ねてきたような場面を表現します。「ドアのベル」（チャイム音）がすると、ロボットがそれに気づき、お客さんに応対にするような動きをします。

Hit［ヒット］

「ヒット」は、叩くという意味です。「サウンド」ブロックで「ヒット」の効果音を出し、ロボットに急にビクッとしたような動きをさせます。この動きは、「モーター」ブロックで、0.1 秒というごく短い時間を設定してモーターの回転をうまくコントロールします。

Hose［ホース］

馬がひづめの音を立てながら走っていく様子を表現します。「パッカパッカ」というひづめの音を再生しながら、ロボットは「モーター」が馬が体を揺するような動きを「ループ」で3回繰り返します。さらに、その動きを「ループ」で2回繰り返します。

Joke［ジョーク］

人前でジョークを言って、見ている人の反応をうかがうような演出をさせる関数。「ドラム音」がジョークのオチを表し、「メイン LED」の色の変化が人々に向かって「どうです、今のジョークは？」と問いかけているような演出です。

Jump［ジャンプ］

「ミスチーフ」でも利用されていた、ロボットをジャンプさせる関数です。「オチのドラム音」を再生しながら、「モーター」ブロックによって「SPRK+」はジャンプします。ただし、「Sphero Mini」はモーターパワーの関係でジャンプはできませんので、転げ回るような動きになります。

Lose［ルーズ］

「ルーズ」は、「負け」の意味です。とても残念な感じの音が流れ、赤い「メイン LED」の色が消えていきます。色の変化は「フェード」は、「ループ」ブロックと「色チャンネル」の演算子を組み合わせて、音に正確に合わせています。

Metronome［メトロノーム］

「メトロノーム」は、一定の拍子をとるための音楽の道具です。振り子が左右に振れながら、カチカチとリズムを刻みます。ロボットは「クリック」（カチッという音）を出し、赤と緑の色を交互に切り替えながら、前後に往復します。

Mischief［ミスチーフ］

ミッション 19 で取り上げた、「悪気のないイタズラ」を意味する「ミスチーフ」という関数です。忍び足のように静かに動いてきたロボットが周りを見回し、「誰かいますか？」「いないようですね」とつぶやいたあとに、急にジャンプしてパーティを繰り広げます。

Monkey［モンキー］

おサル（モンキー）さんが、キャッキャと鳴き声を上げながら、落ち着きなく動き回る様子をロボットに表現させます。鳴き声は、効果音の「サル」を使い、それを再生しながら3つの「モーター」コマンドを並べて、跳びはねる様子を表現します。

No [ノー]

ロボットに「ノー」という意思表示をさせます。ロボットは赤く光りながら、いやいやをするように左右にボディを揺すりつつ、後ずさりをしていきます。後ずさりは、回転方向を逆にした「スピン」ブロックを組み合わせて、巧みに表現されます。

OpenDoor [オープンドア]

「オープンドア」は、ドアを開きロボットにドアから入ってくるような演技をさせます。最初に「テールLED」ブロックにより、テールライトが光るので、どちらが正面かがわかります。最初に180度回転してから移動するので、向きをチェックしましょう。

Outer space [アウタースペース]

アウタースペース（宇宙空間）をイメージした効果音（サウンド名「宇宙」）が再生され、またたく星のようにロボットを光らせます。星のまたたきは、さまざまな色と明るさで光る「メインLED」と「ディレイ」ブロックを組み合わせて使います。

Police [ポリス]

警察官がパトカーに乗って、サイレンを鳴らしながらやってくる場面を表現します。再生音は「パトカーのサイレン」で、ロボットがパトカーの屋根の回転灯のように、「メインLED」を赤、白、青に点灯させながら走ります。同時にテールライトも光らせます。

Princess [プリンセス]

おとぎ話のお姫さまが登場するようなシーンで利用できる関数です。星がキラキラと光っているように感じられる「チャイム音」が再生され、「メインLED」がピンク色に素早く点滅を繰り返します。光る色を変えて、馬のひづめの音なども入れれば、違う物語の場面でも利用できます。

Romance [ロマンス]

「ロマンスの始まり」という音楽に合わせて、ロボットに「メインLED」を赤く光らせながら、弧を描いてダンスのような動きをさせます。この動きは「スピン」ブロックを使い、それを「ループ」ブロックで4回繰り返します。

Sad [サッド]

ロボットに悲しい演技をさせる関数です。「サウンド」ブロックで「悲しい」効果音を出し、同時にオレンジ色に点滅しながら悲しみを「ロール」コマンドを使って表現します。最後は、「メインLED」を消して終了します。

Shape Builder [シェイプビルダー]

「シェイプビルダー」関数は、呼び出しの際に設定された多角形の辺（角）の数を「numberSides」という変数に入れ、もしそれが3より小さければ、自動的に3で置き換えます。その後、「numberSides」の数だけループ内の処理を繰り返し、指定された多角形を描きます。

SillyCartoon [シリーカートゥーン]

「シリーカートゥーン」は、たわいのないマンガという意味です。「サウンド」ブロックで使える効果音の「マンガの始まり」や「マンガ真っ最中」を選べば、ロボットはこれらを再生しながら、フラフラと動き回ります。

Sleeping [スリーピング]

ロボットが、居眠りしている様子を効果音と光り方で表現します。「いびき」の効果音を再生しながら、「フェード」ブロックを2つ組み合わせると、ロボットがゆっくりとした点滅を繰り返し、気持ちよさそうに寝ている様子に見えます。

Surprise [サプライズ]

驚きやビックリした様子をロボットの動きで表現します。その名のとおり、「ビックリ」の音を「サウンド」ブロックで再生しながら、素早い発光を5回繰り返しつつ、ロボットが、1.2秒の間に、その場でグルグルと1200度（3.3回転ほど）スピンします。

Wake up [ウェイクアップ]

「ウェイクアップ」とは、眠りから覚めること。朝の目覚まし時計がわりにもなるおんどりの鳴き声に合わせて、「メインLED」の色が変わり点滅させます。

Walking [ウォーキング]

足音を立てながら、体を揺するようにしてロボットが移動します。足音は「大勝利の音」で代用されていますが、知らなければ足音に聞こえます。自分のプログラムで「サウンド」ブロックを使うときも、音の名前とは異なる場面で使えるかを考えてみましょう。

Win [ウィン]

うれしそうな音（「ウォーキング」を利用）を出し、ピカピカと光りながら、その場で体を左右に回します。演技の関数では、どれもサウンドを再生しながら動けるような設定になっています。

Wolf [ウルフ]

ロボットは動かさずに、音と光だけで狼の遠ぼえを表現する関数です。音は、その名も「オオカミ」のサウンドを使っていますが、次第に小さくなっていく声を、「フェード」ブロックを用いて、光でも表現しているので、情景が目に浮かぶようです。

Yes [イエス]

「はい」という返事を表す音（声による返事そのものではなく、効果音として「はい」を表したもの）を発して、その場で2回うなずくような動きをします。特定の国の言葉に頼らない、ジェスチャーのようなコミュニケーションができるでしょう。

センサーデータについて

「センサーデータ」の基本

「センサーデータ」とは、ロボットに内蔵されたさまざまなセンサーでとらえた数値のことです。「Sphero Edu」アプリでは、プログラムでロボットを動かすたびに「センサーデータ」が記録され、その数値をグラフ化して保存されます。これらのグラフは、プログラムの確認や改良をするときに役に立ちます。また、ロボットを動かしている最中には、スマホやタブレットの画面に「ロケーション」(軌跡＝移動した位置情報) が表示されます。

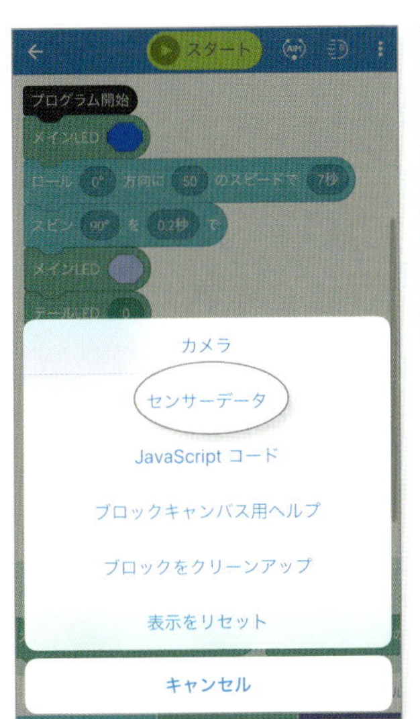

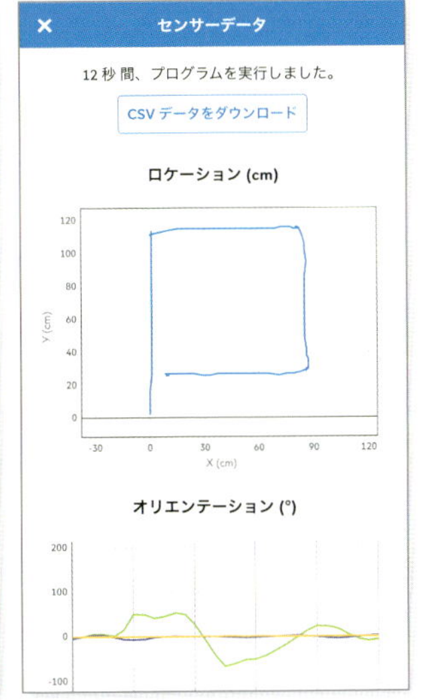

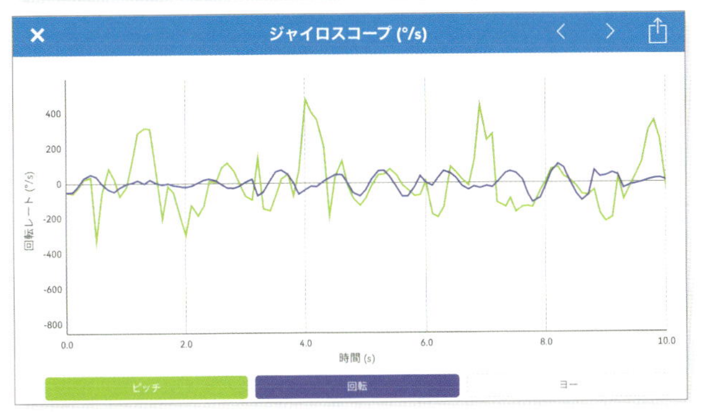

[データの出し方]

まずは、プログラムを使ってロボットを動かします。次にタブレットやスマホの画面で、プログラム画面の右上の端をタップすると選択する画面が出てきます。「センサーデータ」を選んでタップし、グラフを呼び出します。グラフの画面を左にスライドすると、隠れているデータも出てきます。グラフの画面をタッチすると、グラフの全画面表示になります。

[過去のデータの出し方]

プログラムでロボットを動かすたびに、データが保存されます。下の画面の「セッション」の行をクリックすると過去の「センサーデータ」を呼び出すことができます。グラフではなく数値の一覧を、「CVS データ」としてもダウンロードできます。

「センサーデータ」の種類とグラフの表示

「センサーデータ」には、6種類のデータがあります。それぞれに1～4項目の数値が記録されており、項目をタップすることで、グラフを表示したり、非表示にしたりすることができます。

[ロケーション]

ロボットが平面上を移動した位置情報（軌跡）を示します。方眼紙のように、縦横のマス目（x軸、y軸）の上で表しています。x軸は横方向の左右に、y軸は縦方向の前後にどのくらい移動したのかを表示します。このグラフを確認することで、ロボットが実際にどのように動いたか確認できます。

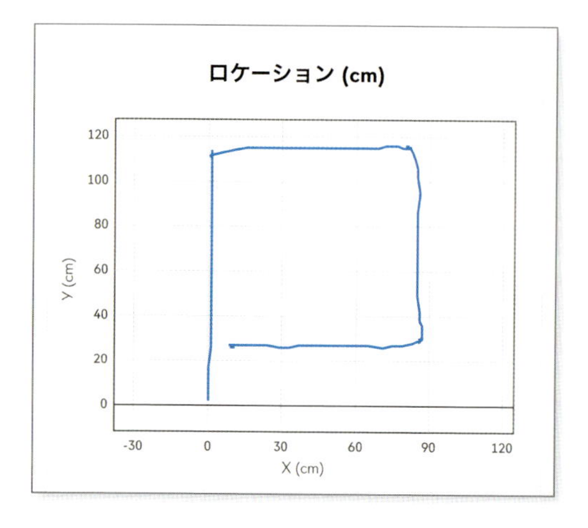

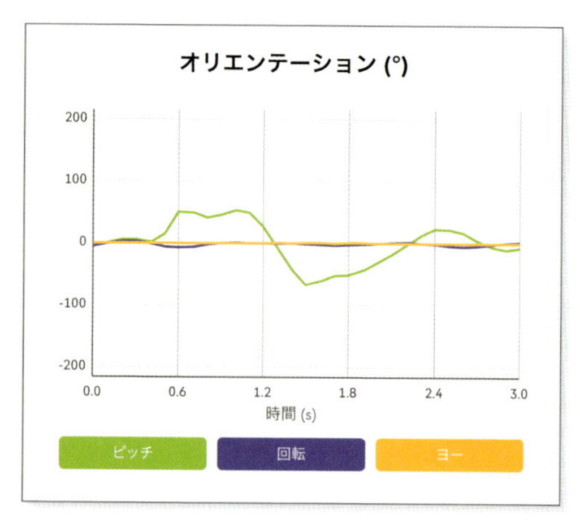

[オリエンテーション]

ロボットの姿勢を示す「センサーデータ」です。グラフの横軸は経過時間を表し、縦軸は傾きの角度を表します。いずれもロボットの進行方向を基準としています。「ピッチ」は、ロボットの正面に対して上下にどのくらい傾斜させているかを示します。プラスであれば上、マイナスであれば下を向いています。ただし、「ピッチ」だけは、進行方向正面から見て考えることになります。ロボットが真正面を向いている位置が基準（0度）で、正面より上を向くとプラス、正面より下を向くとマイナスです。「回転」は、ロボットの正面から見て右や左にどのくらい傾斜しているかのデータです。プラスであれば向かって右に、マイナスであれば左方向に傾斜していることになります。「ヨー」は、ロボットを上から見て、正面から左右にどれのくらい傾斜して回転しているかのデータです。

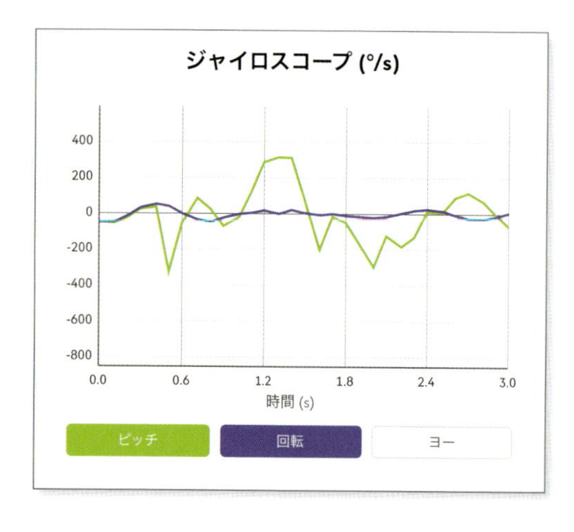

[ジャイロスコープ]

「ジャイロスコープ」は、ロボットの「角度（姿勢）」や「角速度」あるいは「角加速度」を検出する計測器です。「Sphero Edu」の「センサーデータ」では、「角速度」をグラフ化しています。「角速度」とは、1秒間にどのくらい角度が変化したのか回転スピードを示します。単位は度／秒(°／s)です。「オリエンテーション」と同じく、「ピッチ」「回転」「ヨー」の3次元の表示になります。これらの方向がすべて「0」であれば、ロボットの姿勢が変化しなかったということです。折れ線が上を向くときは、該当する方向の回転速度が上がり速く回り、下を向くときは回転速度が下がり遅く回るようになったことを示します。

[加速度計]

ロボットが移動するときに速度がどう変化したのかを示す「センサーデータ」です。単位はジー（g）です。ロボットが静止している場合は、z方向（上下方向）に常に1g（1重力）がかかっています。ロボットが加速すると、ロボットには質量と加速度に応じた重力が働きます。平面上の横（x）方向、前後（y）方向については、移動するときの速度変化に応じた重力値となります。折れ線グラフが上を向くのは速度を増して加速したとき、下を向くのは減速したときの「センサーデータ」です。

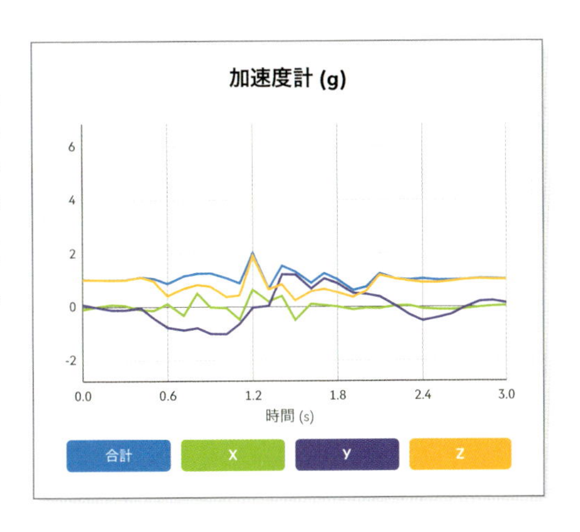

[距離]

ロボットが、スタート地点から移動した総距離を、x軸（左右）とy軸（前後）にグラフ化します。横軸は時間（秒）、縦軸は移動距離（cm）を表します。

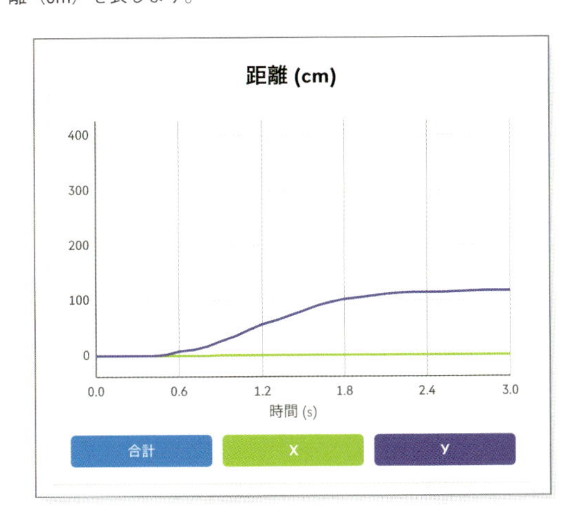

[速度]

「センサーデータ」で示された「軌跡」が、どのような速度で動いたのか、x軸（左右）とy軸（前後）をグラフ化します。グラフの横軸は時間（秒）、縦軸は1秒あたりの移動距離（cm）の単位です。

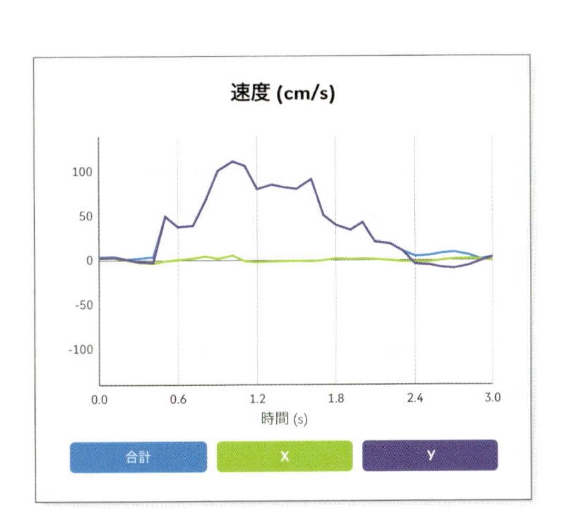

推薦の言葉

「SPRK+とSphero Eduはプログラミング教材としてベスト。待望の日本語教材が本書です」

――平井聡一郎

子どもたちがこれから生きていくうえで、もっとも必要な力は何かといえば、「考える力」ではないでしょうか。情報化社会になり、単なる知識がどんどん役に立たなくなってきているからです。そして、自分で考えて判断して行動することがとても大事になる。その経験が自信につながり、生きる力となります。教科書を覚えるでは、考える力はそれほど身につきません。学校教育においても、何かしらの目的を達成するために試行錯誤すること、すなわちプログラミング的な思考の必要性が高まっています。学習指導要領が変わった理由もここにあります。

新しい学習指導要領では、小学校でのプログラミング教育が2020年度から必修化されるため、現在、自治体や学校は準備を進めています。しかし、学校としてプログラミング教育に割ける時間は限られています。また、十分に教材を揃えられる学校も多くはありません。タブレットですら満足には揃っておらず、ロボットまで導入できる学校はまだまだ少数でしょう。つまり、学校だけにすべて任せられる状況ではなく、家庭を含めた社会全体でプログラミングを学ぶ場が必要です。意欲や関心のあるお子さんに対して、ご家庭でプログラミングを楽しめる機会を与えることがとても大切です。

本書で使用している「SPRK+」は、学校の教材として非常に優れています。いちばんいいのはシンプルなことです。シンプルゆえにいろいろな授業で使いやすいのです。子どもたちは、「SPRK+」のスケルトンのボディを見た瞬間、強い興味を示します。そして、動いた瞬間、「おーっ」と歓声が上がる。それ自体が持っている魅力があります。ま

ひらい・そういちろう●情報通信総合研究所特別研究員。文部科学省教育ICTアドバイザー、総務省プログラミング教育事業推進会議委員など情報教育にかかわる各種委員を歴任。茨城大学非常勤講師。早くからICT機器を活用した授業改革をテーマに取り組んできたプログラミング教育のエキスパート。茨城県公立小中学校勤務、茨城県教育委員会指導主事、小中学校の管理職、古河市教育委員会参事兼課長を経て現職。古河第五小学校校長時代にタブレットを活用した授業改革、古河市教育委員会ではICT機器環境と、ICT活用のリーダー育成のシステム構築に取り組んできた。現在、これまでの経験を活かし、全国の自治体、学校等の教育改革、プログラミングの導入を支援している。

た、頑丈で壊れにくい、充電や片づけが容易なことも「SPRK+」の利点です。これはご家庭で使う場合にも大きなメリットとなるでしょう。「SPRK+」の世界に入るには、「Sphero Edu」というアプリを使用します。このアプリも本格的な機能を持ちながらも使いやすい、非常に完成度の高いものです。まずは、「DRAW（ドロー)」という手書きで「SPRK+」を動かすやり方から入ってみてください。いきなりプログラミングの命令で動かすのではなく、画面で動かしたい動きを線で描き、そのとおり「SPRK+」が動くことを確認するのです。つまり、線を描くことが動きにつながることで、プログラミングとは“何かの動き方を命令すること”だと子どもたちも容易に理解できるのです。ここでプログラミングという概念を理解したうえで「ブロック」というプログラミングに進むことで、子どもたちはスムーズにプログラミングの世界に入っていくことでしょう。

一度好奇心に火がついた子どもたちは、アプリやWebマニュアルを参照しながら、親御さんや先生の想像を超えてプログラミングを習得していくでしょう。その､最初のきっかけとして､ぜひ親子で「SPRK+」を楽しんでみてください。

この本は、ご家庭で子どもたちと親御さんが一緒になってプログラミングの世界に入る扉を開ける鍵になるはずです。もちろん、小学校の先生にとっても、これから始まるプログラミングの指導を進めるために、指導のノウハウも詰まった本書はとても役に立つことと思います。

Come on! Join us!
スフィロの仲間になろう！

製品やアプリに関するお問い合わせ
gp.supportweb.jp/sphero

Sphero（スフィロ社）ウェブサイト
https://www.sphero.com/

Sphero Edu ウェブサイト
https://edu.sphero.com/

YouTube
https://bit.ly/2EANNLo

アプリダウンロード（無料）

app store	https://apple.co/2qkdSIM
Google Play	https://bit.ly/2fH4YSk
kindle store	https://amzn.to/2qiof0p
chromebook	https://bit.ly/2BsBSwE

Facebook（日本語）
https://www.facebook.com/GoSpheroJapan/

＊本書に掲載されている内容、商品のデザイン、製品の仕様、アプリの仕様、ウェブアドレス、問い合わせ先、その他の情報は、予告なしに変更となる場合がありますので、あらかじめご了承ください。
＊Sphero社の製品とアプリに関しては、上記の問い合わせURLからお願いいたします。
＊本書は、製品の故障、アプリやプログラミングの不具合について一切責任を負いかねますので、あらかじめご了承ください。
＊本書に掲載されている二次元バーコードは、デバイスの機種やアプリの仕様によっては読み取れない場合もあります。その場合はURLからアクセスしてください。

著・Sphero Edu研究会

Sphero Eduは、同名のクロスプラットフォームアプリ(iOS、Android、Kindle、Chrome OS)とSphero社のロボティック・トイ(以下、ロボット)を用い、プログラミングをさまざまなアクティビティ(課題)と組み合わせることで、高いレベルの「STEAM教育(スティーム)」を可能とするシステムです。他の教材システムでは教えることが難しい高いレベルの「STEAM」を教えることが可能なのです。Eduは「教育」を意味する英語の「Education」の略語で、Sphero Eduという名前は、まさにSphero社が考える、理想の教育の姿を象徴しています。Sphero Eduを利用すると、児童や生徒の年齢や習熟度に応じて、ロボットのプログラムができます。専用のアプリをインストールしたデバイス(スマートフォンやタブレット)とロボットを近づけるだけで、Bluetoothを通して簡単に接続して使えます。このSphero Eduを使用して、革新的なプログラミング教育を実践するために結成されたのがSphero Edu研究会です。ライター小口覺氏、Spheroエンジニア、Sphero PR、教職員などの有志メンバーから構成されています。

監修・Sphero(スフィロ)社

Sphero社は世界的なロボティック・カンパニーです。アメリカ・コロラド州ボルダーの本社で、画期的なロボットとプログラミング教育向けのアプリなどを開発しています。プログラミング教育向けの「SPRK+」、世界最小のロボティックボール「Sphero Mini」から映画『スター・ウォーズ/フォースの覚醒』に登場するドロイドの「BB-8™」まで、スマートフォンのアプリで操作可能な小型ロボットとして実現した企業で、「STEAM教育」のリーディングカンパニーでもあります。「STEAM教育」とは科学(Science)、技術(Technology)、工学(Engineering)、数学(Mathematics)を統合的に学習する「STEM教育」に、芸術(Art)を加えた総合教育手法の略語です。アメリカで生まれたこの教育手法は、21世紀の社会で必須な論理的思考や創造性を育むうえで、最善の方法であるとされています。Sphero社は、「STEAM教育」の学習をサポートするための技術開発に、2014年から取り組んでいます。

協力・平井聡一郎

情報通信総合研究所特別研究員。文部科学省教育ICTアドバイザー、総務省プログラミング教育事業推進会議委員など情報教育にかかわる各種委員を歴任。茨城大学非常勤講師。早くからICT機器を活用した授業改革をテーマに取り組んできたプログラミング教育のエキスパート。茨城県公立小中学校勤務、茨城県教育委員会指導主事、小中学校の管理職、古河市教育委員会参事兼課長を経て現職。古河第五小学校校長時代にタブレットを活用した授業改革、古河市教育委員会ではICT機器環境と、ICT活用のリーダー育成のシステム構築に取り組んできた。現在、これまでの経験を活かし、全国の自治体、学校等の教育改革、プログラミングの導入を支援している。

Sphero完全ガイド

2018年7月4日　初版第1刷発行

著　者　Sphero Edu研究会
発行者　杉本 隆
発行所　株式会社小学館
〒101-8001 東京都千代田区一ツ橋2-3-1
電話 編集 03-3230-5676　販売 03-5281-3555
印刷所　凸版印刷株式会社
製本所　株式会社若林製本工場

ISBN 978-4-09-388611-6

構成/望月奈津子
協力/平井聡一郎
写真/Sphero
校正/松井正宏
編集協力/小口 覺
装幀・デザイン/渡部裕一(ティオ)
DTP/昭和ブライト
編集/楠田武治(小学館)